彩图1-1　南方葡萄避雨栽培

彩图1-2　日本山地葡萄避雨栽培

彩图1-3　大面积日光温室葡萄生产（沈阳）

彩图1-4　大棚葡萄生产（哈尔滨的东金葡萄观光园）

彩图2-1　建设中的竹木结构日光温室

彩图2-2　竹木土墙日光温室

彩图2-3　钢筋砖混保温被覆盖日光温室

彩图2-4　钢筋、土墙结构草帘覆盖日光温室

彩图2-5　日光温室后墙体及后坡

彩图2-6　竹木结构大棚

彩图2-7　钢筋骨架大棚

彩图2-8　苦土结构大棚

彩图2-9　日本连栋大棚

彩图2-10　大棚内支立小拱棚

彩图2-11　装配式单栋钢结构大棚

彩图2-12　竹木结构避雨棚

彩图2-13　钢架避雨棚（V形篱架）

彩图2-13　反光膜

彩图2-14　压膜绳

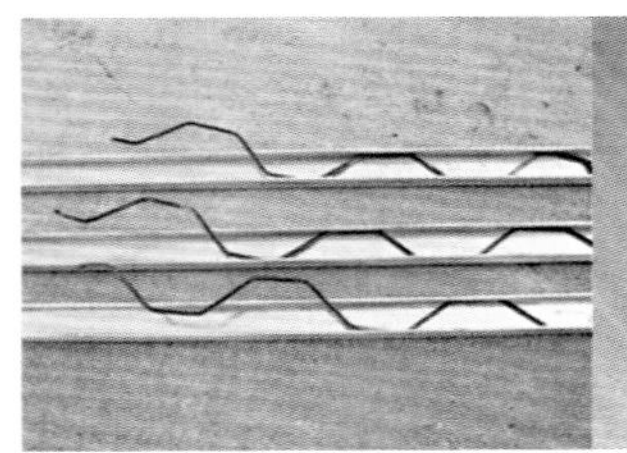

彩图2-15　卡槽、卡箍

彩图2-16　侧面卷膜器

彩图3-1　87-1系

彩图3-2　光　辉

彩图3-3　京　亚

彩图3-4　京亚（GA 处理）

彩图3-5　粉红亚都蜜

彩图3-6　维多利亚

彩图3-7　醉金香

彩图3-8　醉金香（激素处理）

彩图3-9　京　玉

彩图3-10　香　妃

彩图3-11　早黑宝

彩图3-12　里查马特

彩图3-13　黑色甜菜

彩图3-14　金手指

彩图3-15　藤　稔

彩图3-16　巨　峰

彩图3-17　巨玫瑰

彩图3-18　紫地球

彩图3-19 先 锋

彩图3-20 状元红

彩图3-21 翠 峰

彩图3-22 翠峰（GA处理）

彩图3-23 信浓乐

彩图3-24 夕阳红

彩图3-25 玫瑰香

彩图3-26 牛 奶

彩图3-27 意大利

彩图3-28　美人指

彩图3-29　魏　可

彩图3-30　金田美指

彩图3-31　摩尔多瓦

彩图3-32　红地球

彩图3-33　红地球（延迟栽培沈阳元旦采收）

彩图3-34　秋　红

彩图3-35　秋红延迟栽培
（沈阳　元旦）

彩图3-36　秋黑

彩图3-37　秋黑延迟栽培
（沈阳　元旦）

彩图3-38　碧香无核

彩图3-39　早红无核

彩图3-40　金星无核

彩图3-41　金星无核
（GA处理）

彩图3-42　着色香

彩图3-43　无核早红
（86-11）

彩图3-44　夏　黑

彩图3-45　无核白鸡心

彩图3-46　无核白

彩图3-47　红脸无核

彩图3-48　克瑞森无核

彩图4-1　葡萄绿枝嫁接育苗

彩图4-2　设施育苗

彩图4-3　露地育苗

彩图4-4　葡萄砧木（贝达）

彩图4-5　葡萄砧木（SO4）

彩图4-6　葡萄砧木（5BB）

彩图4-7　葡萄砧木生产（篱架）

彩图4-8　葡萄砧木生产（小棚架）

彩图4-9　砧木生产（临时架）

彩图4-10　抗寒砧木（贝达）苗露地越冬

彩图4-11　硬枝嫁接机与嫁接过程（Tom Zabadal）

彩图4-12　机器嫁接营养钵绿苗

彩图4-14　地热线和控温仪

彩图4-13　机器嫁接露地扦插育苗（地膜覆盖）

彩图4-15　砧木扦插

彩图4-16　葡萄绿枝嫁接“戴帽”包扎

彩图4-17　滴灌育苗

彩图4-18　葡萄嫁接苗绑缚方法

彩图5-1 单臂篱架

彩图4-19　国外葡萄苗木包装（植原葡萄研究所）

彩图5-2　双臂篱架

彩图5-3　V形篱架

彩图5-4　水平棚架

彩图5-5　设施葡萄整地

彩图5-6　地膜覆盖栽植

彩图6-1　篱架栽培幼树管理

彩图6-2　水平棚架栽培幼树管理

彩图6-3　单行栽植交叉引缚

彩图6-4　绑蔓机

彩图6-5　独龙蔓篱架整形及结果状

彩图6-6　V形篱架整形及结果状态

彩图6-8　水平整枝结果状态

彩图6-7　V形篱架叶幕状态

彩图6-9　H形单蔓单避雨棚整形

彩图6-10　Y形水平整形及结果状态

彩图6-11　日光温室葡萄平茬更新

彩图6-12　沈阳日光温室葡萄篱架龙干形长梢修剪

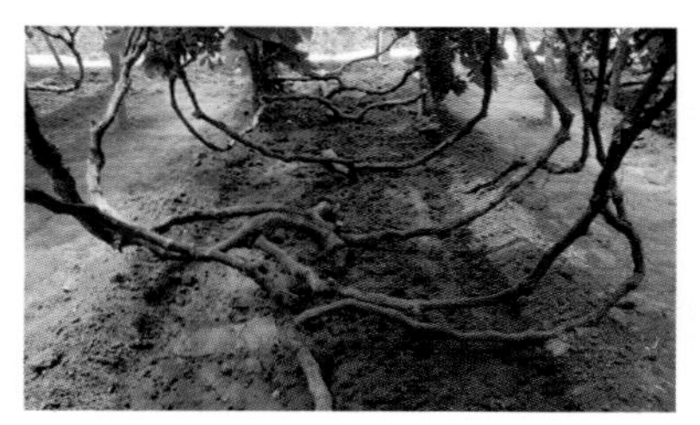

彩图6-13　枝蔓倾斜、交叉、下压引缚

彩图6-14　南方巨峰葡萄避雨栽培长梢修剪与捆绑

彩图6-15　南方红地球葡萄避雨栽培长梢修剪与捆绑

彩图7-1　葡萄花冠不脱落状况

彩图7-2　红地球葡萄套袋对着色的影响

彩图7-3　葡萄冬果生产（桂林，品种为美人指）

彩图7-4　葡萄裂果

彩图7-5　疏果（左：疏果前，右：疏果后）

彩图7-6　成熟期先锋果穗形状（赤霉素处理）

彩图7-7　葡萄套袋（纸袋）

彩图7-8　果实套袋（小林袋）

彩图7-9　葡萄套袋（塑料袋）

彩图7-10 葡萄果穗“打伞”

彩图8-1　日光温室地脚放风

彩图8-2　单栋大棚侧面卷膜器放风

彩图8-3　大棚葡萄扒缝放风

彩图9-1　葡萄限域栽培

彩图9-2　葡萄园休闲观光（限域栽培）

彩图9-3　土壤清耕管理

彩图9-4　土壤覆膜栽培

彩图9-5　土壤覆草栽培

彩图9-6　土壤生草管理

彩图10-1　行走式打药机

彩图10-2　葡萄黑痘病

彩图10-3　葡萄霜霉病

彩图10-4　葡萄白腐病

彩图10-5　葡萄灰霉病

彩图10-6　葡萄炭疽病

彩图 10-7　葡萄穗轴褐枯病

彩图 10-8　葡萄白粉病

彩图 10-9　葡萄根瘤癌肿病

彩图 10-11　葡萄虎蛾幼虫

彩图 10-10　葡萄天蛾幼虫

彩图 10-12　葡萄毛毡病

彩图 10-13　葡萄东方盔蚧

彩图 10-14　美国白蛾幼虫为害状

彩图11-1　日光温室葡萄越冬覆盖防寒

彩图12-1　葡萄采收

彩图12-2　葡萄分级

彩图12-3　葡萄包装（木箱）

彩图12-4　葡萄包装（纸箱）

彩图12-5　葡萄包装（泡沫箱）

彩图12-6　葡萄包装（塑料筐）

彩图12-7　美国葡萄PVC箱包装

彩图12-8　日本葡萄塑料袋小包装

彩图12-9　葡萄纸隔离小包装

彩图13-1　幼树冻害

彩图13-2　新梢冻害

彩图13-3　新梢高温伤害

图13-4　果实日烧

图13-5　葡萄叶片2，4-滴丁酯危害状

图13-6　葡萄避雨棚防雹网防鸟的应用

图13-7　葡萄鸟害

图13-8　大棚葡萄防鸟网应用

现代设施葡萄栽培

赵常青　蔡之博　吕冬梅　编著

中国农业出版社

序

现代设施葡萄是农业现代化工程装备技术在葡萄上应用的简称，它是利用人工园艺设施对葡萄生产要素实施全方位调控，为葡萄生长发育提供良好的环境条件，从而实现优质、高产、稳产、安全、高效的现代园艺生产方式。它是我国政府“十二五”规划中大力倡导的“加强农业基础工作”的一部分，也是现代农业的核心技术——“设施农业”的重要组成部分。2011 年 3 月 5 日温家宝总理在《政府工作报告》中曾指出“大力发展现代农业，加快社会主义新农村建设”，为今后农村工作指明了方向。设施栽培葡萄能抗灾防灾，旱涝保收；设施栽培的葡萄结果早、产量稳、品质优、安全绿色，符合社会需求；设施葡萄能弥补市场空缺，售价好、利润高，能为我国农业现代化建设推波助澜。

作者赵常青研究员（沈阳市林业果树研究所），从事葡萄科研与推广工作20多年，积累了大量的资料和丰富的生产经验，他与蔡之博、吕冬梅编著的《现代设施葡萄栽培》一书20多万字，共分13章，穿插了260余幅彩色、黑白图片，内容丰富，形式鲜活，具有时代特征。本书不仅告知读者发展设施葡萄的重要性和必要性，还介绍了设施葡萄的若干标准化生产技术，阐述了葡萄产后提质增值的经营策略，本书是葡萄安全食品生产的指南。而且，本书在阐述每项农事作业时，都指出正确有效的操作方法，以及错误的操作方法会产生的负面影响等。通过阅读本书能增加读者葡萄生产知识，增强生产者种好葡萄信心。本书文字通俗易懂，可操作性强，是一本难得的设施葡萄实用教材，是能请回家的“常年技术顾问”。

罗大义

2011年4月1日于沈阳农业大学

（咨询电话：024－88418723）

前言

目前，我国设施葡萄产业发展已进入了一个新的时期。设施葡萄发展速度快，地域范围广，设施类型多，品种全，面积大，科技含量高，经济效益好。作者从事葡萄科研与推广工作20余载，近10年来，在不断探索北方设施葡萄栽培技术的同时，还多次参加在南方举行的全国葡萄学术研讨会及国家葡萄产业体系会议，考察学习南方葡萄避雨栽培新技术，受到一定启发。在此基础上，为了促进我国设施葡萄产业的发展，满足生产者对设施葡萄栽培技术的需要，编写了这本《现代设施葡萄栽培》一书，力求对生产者有所启迪。

本书通过13个章节，20余万字，159幅彩图及70余幅黑白图片，讲解叙述了设施葡萄栽培的技术要点，在传统技术与模式的基础上，编录了国内外近年来涌现出的新设施、新材料、葡萄新品种与栽培管理新技术，供读者参阅。

在本书编写过程中，作者参考了国内葡萄界老前辈和年青同行学者们的大量文字与图片资料，同时登录了国外葡萄相关网站，吸纳了部分世界前沿信息；特别应该提到的是，从本书提纲的编写设计到成稿的反复审查，得到了严大义教授的悉心指导，同时提供了大量的资料并作序，在此一并致以最诚挚的感谢。

由于作者专业知识和写作水平所限，书中难免出现一些遗漏或错误之处，恳请广大读者提出宝贵意见。

编　者

2011年5月

（咨询电话：024－86513541；

Email：zcqgrape@163.com）

目录

序

前言

第一章
设施葡萄发展概况

一、国内外设施葡萄发展概况

1. 我国设施葡萄发展现状　国内设施葡萄栽培起步相对较晚。1979年，黑龙江省齐齐哈尔市园艺试验站利用日光温室栽培葡萄获得成功，开创我国设施葡萄栽培的先例，而后该站采用塑料大棚进行葡萄栽培，取得良好效果，引领了我国设施葡萄栽培的进一步发展。

20世纪80年代以后，辽宁、吉林等地也先后进行设施葡萄栽培的尝试，取得了很好的经济效益，积累了一些栽培管理经验，随后设施葡萄由北向南逐渐推广开来，北京、河北、山东、宁夏等不少地区也出现规模化栽培。2000年以后，南方如上海、浙江、江苏、湖南、福建、广西等地葡萄避雨栽培（彩图1-1）得到发展，部分地区葡萄避雨栽培面积已占葡萄生产总面积的80%以上，葡萄设施栽培在我国大江南北共同进入规模化发展阶段。

据2000年统计，全国葡萄设施栽培总面积仅11.25万亩*，到2011年初，全国各省份均有设施葡萄栽植，累计面积达到90余万亩，约占全国葡萄总面积的13%，设施葡萄面积迅速增长。我国已成为世界设施葡萄栽培面积最大、分布范围最广、设施种类、设施栽培品种最多的国家。

---

* 亩为非法定计量单位，1亩≈667米^2。——编者注

2. 国外设施葡萄产业现状 葡萄有易整形、结果早、适应范围广等特点，相对其他果树树种更适宜设施栽培，而且经济效益好，所以设施葡萄在世界设施果树栽培中有着重要地位。

国外设施葡萄以日本和荷兰起步最早。日本大约在1886年由大森熊太郎和山内善男开始试验用玻璃温室栽培葡萄。经过百年来不断的发展，栽培设施由用玻璃温室改用塑料温室或避雨棚，可谓种类齐全，设施构造也由单栋温室向连栋温室转变（彩图1-2）。到2010年，日本葡萄种植总面积为30万亩，其中设施葡萄面积已占葡萄栽培总面积的40%以上，设施葡萄主要分布在福冈、山梨、岛根、秋田、冈山等县，大多分布在北纬36°以南地区。欧洲温室葡萄主要集中在荷兰和比利时，栽培面积在2万亩以上。

随着塑料薄膜在设施农业上的应用，世界设施葡萄栽培在近20～30年内发展迅速。在许多发达国家，栽培管理基本实现了机械化和自动化，特别是在一些大型设施中，采用计算机调节控制设施内环境因子，逐步做到葡萄生产工厂化，基本实现了优质鲜食葡萄的周年供应。

二、发展设施葡萄的目的和意义

葡萄实现设施栽培是生产方式的一次革命。设施栽培为葡萄生产提供了一个更易于人为调控的生长环境，使葡萄成熟期能够人为地提前或延后，延长鲜食葡萄市场供应期，同时能降低各种自然灾害对生产的影响，大幅度提高果实的品质，具有比露地葡萄栽培更好的经济效益与社会效益。

1. 调节市场供应期 葡萄设施栽培通过人为调控设施内温度、湿度、光照等环境因子，达到促进葡萄提早成熟、延迟成熟或延迟采收的目的，有效地延长鲜食葡萄市场供应期，避免由于集中上市给生产和销售带来的诸多负面影响。

葡萄属于浆果，不易于长时间贮藏与远距离运输，一般仅能贮藏到翌年的3～4月份，而露地葡萄成熟期一般集中在8～9月，通过设施栽培可使葡萄在4～6月份提早成熟，也可延迟到元旦、春节采收（沈阳地区），填补市场空白，满足市场对鲜食葡萄的需求，而且所生产出葡萄的新鲜程度和优良品质也是贮藏葡萄不能达到的。

过去我国葡萄栽培主要分布在北方，栽植方式以露地为主，巨峰品种占90%以上，成熟期集中在8月至9月中、下旬，此时北方还处于相对多雨的高温季节，对栽培、鲜果贮藏、运输都非常不利，市场销售压力大，严重影响葡萄价格和果农的经济效益。根据2010年国家葡萄产业体系的统计，伴随设施葡萄的不断发展及品种结构调整，目前欧美杂交种巨峰群品种（含巨峰、京亚、夏黑、86－11、藤稔、醉金香、巨玫瑰、状元红、夕阳红、翠峰等）的栽培面积降到50%左右，而欧洲种红地球栽培面积上升到20%，其余品种面积占30%，品种单一局面得到改善，有效调整了葡萄市场供应期，进一步增加了经济效益与社会效益。

2. 有利于安全食品生产和生态环境保护　近年来，国际食品安全事件不断发生，引起消费者极大恐慌，世界各国纷纷采取包括立法、行政、司法等各种措施，确保食品安全监管体制的有效性，维护消费者的健康权益。食品安全已经成为各国国家安全的重要组成部分。我国是一个食品生产和消费大国，随着市场经济的快速发展和人民生活水平的提高，特别是加入WTO和近年来发生的苏丹红、三聚氰胺等食品安全事件，使得无论是政府还是消费者对食品安全更加关注，食品安全与食品贸易的关系更为密切，对提高我国食品安全水平的要求越来越迫切。

我国北方降雨集中在7～8月份，此时正是葡萄果实生长期，病虫害发生较多，露地葡萄生产中需施用大量的农药，很难做到无公害生产，而南方地区在整个葡萄生长期均处于多雨、高温、高湿的环境，更不利于无公害葡萄生产。通过设施栽培，很多露地栽培中常见的病害，如黑痘病、霜霉病等基本能够避免，大大降低农药施用次数与施用剂量，葡萄生产完全可以达到绿色食品标准，同时设施栽培的葡萄浆果在销售前不必进行贮藏，避免了贮藏过程中果品受到的二次污染，能为广大的消费者提供安全可靠的新鲜水果。

设施葡萄农药施用剂量与施用次数的大幅度降低，减少了对环境的污染，有利于保护生态物种，能够有效地促进农业可持续发展。

3. 防灾减灾确保连续丰收 在葡萄生产过程中，多雨、高湿、冰雹及霜冻等自然灾害，不仅影响到葡萄的品质和产量，而且也使生产成本大幅增加，限制葡萄产业的发展，严重时可导致葡萄产业大规模萎缩。在设施栽培条件下，由于保护设施的存在和人为调控设施内气候因子的方法，病虫害明显减轻，冰雹、暴雨等灾害得到抵御。

南方地区潮湿、高温的气候条件，是发展葡萄特别是优质欧亚种葡萄的主要限制因素，近年来采用避雨栽培，减少了病原菌侵染，病害不发生或很少发生，不仅规模化发展藤稔、夏黑及醉金香等欧美杂交种葡萄，种植红地球、无核白鸡心、京玉、美人指、维多利亚、粉红亚都蜜等欧亚种葡萄也取得成功，并在部分地区推广一年多收技术，获得了良好的经济效益。

北方地区，冬季葡萄埋土防寒、春季出土上架是相当复杂的一项工作，在日光温室设施（彩图1-3）栽培条件下，葡萄生产免除或简化了这项复杂工作，也避免了上、下架给葡萄带来的机械性损伤。同时北方葡萄设施栽培，也达到了避雨栽培的效果，还能有效规避霜冻，延长葡萄生育期，进一步调节葡萄产期，提高果实品质，达到双赢的目的。

近年来，北方玉米田除草剂（2，4-D）的滥用给露地葡萄生产造成了严重的灾害，通过设施栽培可避免除草剂带来的危害。

4. 扩大葡萄种植区域满足各地需求 有些地区发展葡萄，

由于存在病害重，生育期短等不利环境因素，限制了发展速度与规模，以往露地不能栽植葡萄的地区，随着设施的应用近年来葡萄发展呈现出良好势头，使得我国葡萄栽植区域逐渐扩大，北从黑龙江、南至海南岛，东从沿海各省、西至西藏都有设施葡萄栽培，葡萄种植区域扩大，成为我国分布最广的果树树种。过去葡萄栽植主要采取露地栽培方式，很多不能栽植葡萄的地区只能靠远距离运输才有葡萄供应，通过设施栽培，在黑龙江省等高纬度、高寒冷地区栽培无核白鸡心、红地球等葡萄品种获得成功，南方高温、高湿地区栽培藤稔、夏黑、红地球、美人指等葡萄品种取得良好经济效益，丰富了各地"果盘子"，满足各地对鲜食葡萄的需求，同时也扩大了葡萄品种种植区域。

设施葡萄能有效利用土地与水资源，同样是一亩面积的设施（大棚）葡萄，生长期比露地葡萄延长40～60天，土地利用率至少可提高15%～20%；而且由于棚膜覆盖，土壤水分蒸发和葡萄植株水分蒸腾得到有效抑制，用水量比露地减少30%～50%，是高效农业、节能农业的集中体现，土地匮乏及干旱地区也可以发展设施葡萄栽培。因此说设施葡萄是农业可持续发展的重要手段。

同时，设施栽培也可有效利用光能、热能资源，以满足葡萄的生长发育。北方春秋时节光照充沛，通过设施利用光能，同时辅以覆盖等保温手段，促使葡萄早萌芽、早生长，果实达到提早上市的目的；北方冬季寒冷，对发展露地葡萄是不利因素，但发展设施葡萄并开展促成栽培，低温冷凉环境能充分满足树体对休眠的需求，变被动为主动，北方冬季寒冷期较长，也可通过延迟栽培或延迟采收，弥补冬季鲜果市场。南方光、热量资源丰富，葡萄的生育期长，通过避雨栽培可以实现一年多收，是对光热资源的合理利用，既满足了市场需求，又使效益倍增，发展潜力巨大。

5. 延长葡萄产业链条　我国过去出口葡萄制品主要为葡萄

干和葡萄汁，而鲜食葡萄的出口寥寥无几，主要原因在于我国生产的鲜食葡萄品质及安全性不达标，而通过设施栽培生产出的葡萄果实在质优的同时，其食用安全性也大大提高，这将冲破国外食品安全技术壁垒，有效开拓国外高端市场。目前我国通过设施生产的葡萄已先后出口到东南亚、俄罗斯等国家和地区，为葡萄产业发展打开了更广泛的发展空间。

设施葡萄品质优良，在适宜人们鲜食的同时也具有很高的观赏性。近年来以葡萄为主题的观光果园蓬勃发展，在倡导“绿色”空间的同时，成为当地旅游业的新亮点。如天津市茶淀葡萄科技园区、哈尔滨的东金葡萄观光园（彩图1-4)、上海马陆葡萄主题公园等，以种植业带动旅游业，宣传葡萄文化的同时宣传当地的风土民情，为当地旅游业发展作出了贡献，葡萄产业链条得到进一步的延长。

发展设施葡萄，一次性投入后多年收益，同时可减少其他农资和劳动力投入，从全国范围来看，设施葡萄的经济效益普遍比露地葡萄高出3倍以上，如果通过设施栽培一些新、奇、特品种，其收益将更高，设施葡萄已经成为我国高效农业的重要组成部分。

三、设施葡萄发展趋势

设施葡萄在调整葡萄产业结构，提高果品质量，促进农民增收上起到良好的作用，近年来得到广大栽培者的认同，受到政府、农业从业者广泛的关注，汇聚各方资金，出现一批葡萄设施栽培集中产区，成为当地发展高效农业的主要途径，成为部分地区农民经济收入的主要来源。目前，我国葡萄设施栽培的发展呈现以下几个趋势：

1. 栽培面积不断扩大　葡萄设施栽培发展非常迅速。20世纪90年代以来，从黑龙江到福建，从山东到新疆，用于不同目的的设施葡萄栽培在全国各地不断涌现，栽培面积居设施果树的首位。全国各地生产实践表明，葡萄采用设施栽培不但成熟采收期能大大提前或延迟，而且能有效地抵御各种不良环境因子对葡萄生产的影响，显著提高果实品质，同时经济效益也大幅增加，其优越性已越来越被各地群众所认识，栽培面积会进一步扩大。

目前，设施葡萄栽培面积主要以3种形式扩大：①开辟设施葡萄新栽培区；②原有露地葡萄栽培转向设施葡萄生产；③原有蔬菜等其他农作物栽培设施改种葡萄，调整种植业结构。

2. 栽培方式向多元化方向发展　各地区依据当地气候条件、栽培技术水平、市场需求等因素，有效利用设施葡萄栽培的多种功能，发挥设施保护能力与当地资源优势，使栽培方式向多元化方向发展。当前设施葡萄栽培主要方向如下：

（1）*促成栽培*　采用设施调节功能，使设施内葡萄成熟期提早，填补市场空白，经济效益十分可观，这是我国北方地区设施葡萄栽培的主要发展方向。通过日光温室，可使我国环渤海湾地区的葡萄提早在5月份或更早上市，辽宁中部地区在6月份大量采收。

在我国葡萄设施促成栽培中，既要追求早熟，又更要重视果品质量。果实过早采收往往引起养分积累不够、可溶性固形物含量低等问题，导致果实品质下降，这是我国当今葡萄促成栽培中值得注意的现象；同时，促成栽培改变树体生长发育周期，使得部分设施类型栽培葡萄常出现丰产及稳产性降低的现象，也值得引起注意。因此，通过栽培技术达到促成，又能实现优质、丰产、稳产将是今后促成栽培需要进一步完善的主要工作。

（2）*延迟采收或延迟栽培*　树体萌芽前和果实成熟后，采用覆盖保温等综合技术措施，延迟树体萌芽或推迟果实采收，这是我国北方设施栽培新的发展趋势。我国北方寒冷地区，采用保温较好的日光温室进行葡萄栽培，早春进行覆盖推迟树体萌芽，在果实成熟后再进行覆盖保温，使果实在树体上“活体贮藏”，达到果实延迟上市的目的。例如，在我国华北及东北地区，露地

10 月上旬成熟的晚熟葡萄品种通过设施推迟采收，可延迟采收 1～4 个月，在提高果实品质的同时增加经济效益，而且还能解决当地栽种部分晚熟品种生长期短、果实不能完全成熟的问题，扩大我国优质晚熟、极晚熟葡萄品种的栽植范围与栽植面积。

（3）避雨栽培　葡萄生长期，在葡萄植株上搭架覆盖塑料薄膜，降雨时使雨水顺膜流下后排出园外，不落在枝蔓、叶片、果实和园中，可以大大减少病虫对葡萄的危害，提高果实品质，确保丰产、增收。南方地区在 3～6 月份进入春雨、梅雨期，降水较多，限制了优质欧亚种葡萄的栽植，即使是较抗病的欧美杂交种葡萄病害也时有发生，如遇雨水过多年份，病害极难控制，这是南方露地葡萄以前没有大面积发展的真正原因，为此根据病害发生靠雨水传播的原理，在借鉴大棚栽培模式下，开发出了避雨栽培技术。

避雨栽培丰富了我国南方葡萄品种，在稳定巨峰群品种的基础上，以往露地不能栽培的品种，如维多利亚、美人指和红地球等欧亚种葡萄得到快速发展，促进了南方葡萄优质无公害栽培。避雨栽培葡萄病虫害减轻，农药施用次数与剂量减少，使得葡萄生产变得可行、简便、安全、可靠和有效。目前，葡萄避雨栽培在南方得到如火如荼的发展，广大北方地区对避雨栽培的认识也越来越高，近年来，辽宁、黑龙江、内蒙、北京、天津、河北等地也在大胆探索适合当地的避雨栽培模式与技术。

葡萄避雨栽培在减轻病虫害方面效果明显，利于果品优质无公害栽培，此栽培模式对全国鲜食葡萄优质生产均有着借鉴作用。

（4）防雹、防鸟害栽培　由于全球气候恶化，极端气候出现频率增加，多年未见冰雹发生的地区也遭遇冰雹危害，给葡萄生产带来巨大的经济损失，尤其在山地环境，冰雹发生频率更高。如河北怀来县永定河上游山地葡萄园都必须设置防冰雹网，防冰雹网的应用是一项有效地防灾减灾措施。

随着我国野生动物保护法的实施和全民环境保护意识的增强，打鸟、捕鸟受到明令禁止，鸟的数量急剧增加；同时葡萄栽培向粒大、色艳、皮薄、味香甜等方向发展，增强了对鸟类的诱惑力，被鸟类侵害后的果实会吸引大量的蝇类、金龟子类等害虫的二次危害，无论是在城市近郊还是在偏远山村，葡萄园鸟害逐年加重，部分果园损失达10%以上，设立防鸟网、避免鸟类危害，是设施葡萄发展的大势所趋。

3. 栽培技术研究得到深化　在我国设施葡萄快速发展的20年间，全国各地葡萄科研机构及果农对设施葡萄栽培技术不断研究与总结，使栽培技术得到进一步发展与完善。

首先是新品种的引种与选育。20世纪80年代至今，我国引种和独自选育的适合设施栽培的葡萄品种有30多个，其中从国外引进品种如无核白鸡心、红地球、维多利亚、粉红亚都蜜、巨峰、藤稔、夏黑等在国内设施葡萄栽培中占有较大比例；国内选育品种，如京亚、86－11、京玉、87－1、巨玫瑰、醉金香、夕阳红、状元红等近年来在设施栽培中所占比例也在不断增大。

其次是整形修剪技术。各地根据设施栽培的实际，总结出适合的树形，例如在北方日光温室及大棚栽培主要是单、双臂篱架及V形篱架；南方栽培主要为V形篱架及水平棚架等。在修剪的时间和方法上，为保证连续丰产也有所改进，如北方日光温室促成栽培时，开展夏季“平茬更新”，或秋季采取中长梢修剪，进行“压蔓”和“交叉引蔓”等处理以避免结果部位上移，实现连续丰产；南方避雨栽培，通过长梢修剪，促其多萌芽，以花序定枝来稳定葡萄产量等等。

然后是树体调控技术，在设施栽培模式下，由于低温、弱光、短日照等原因，易造许多葡萄品种花芽分化不完全，为此在华北和长江以南地区，设施促早栽培葡萄在采收过后为了增加光照，没有必要继续进行完全覆膜，在有条件的设施生产过程中，可以采用阴雨天遮塑料膜，晴天打开补充光照的方法。另外采取日光温室北墙贴反光膜和地面覆盖反光膜等增光措施，促进树体发育。

南方地区设施葡萄进行一年多收，需要采用药剂涂抹芽眼进行催芽处理打破休眠。北方部分日光温室促成栽培也开展药剂打破休眠技术，都取得良好效果，逐渐成为一种常规生产技术。

随着设施葡萄栽培的普及和栽培技术研究的不断深入，相信在不久的将来其栽培技术将得到更进一步的发展，使得设施葡萄向着更加稳产、优质和标准化的方向发展。

四、发展设施葡萄应注意的相关问题

设施葡萄栽培经济效益高，需要投资也相对较大，而且需要较高的管理技术，条件不具备切不可盲目发展。在发展设施葡萄时需要注意以下相关问题。

1. 选择合理的栽培方式 设施栽培方式很多，具体选择哪种方式，首先要根据当地的市场情况进行市场定位，然后根据当地的自然条件，自身的技术水平和资金情况进行综合考虑。

在我国北方地区，促成栽培方式中促成效果由高到低的设施是：加温型日光温室、日光温室、大棚。据笔者2010年及2011年春对沈阳地区各类型设施促成栽培葡萄产值调查统计，加温型日光温室亩产值4万～6万元，普通日光温室亩产值在2万～3万元，而大棚采用双层或多层塑料覆盖的亩产值在1.5万～2.0万元，单层塑料覆盖的亩产值也能达到1.0万～1.5万元，经济效益较高。可见，设施促成效果越好，投资越大，栽培技术越复杂，葡萄销售价格越高，产值也越大。

设施栽培相对投入较大，充分利用当地的自然资源至关重要。例如在西北及东北地区利用堆土建筑的日光温室既经济又实用，有自然地热资源和工业热源的地方要想办法加以利用；另外在温室结构、材料和栽培架式选择上要以能尽量多地吸收太阳辐射能为原则，尽量减少光、热能损耗。

在建筑设施时，一定要在考虑设施的牢固性和实效性的同时再尽量节约成本，不要盲目追求节约成本给日后生产留下隐患，特别是近年来大雨、暴雪、飓风等自然灾害频发，造成许多地区的设施损失极大，需要我们注意。

各地区依据当地气候条件、栽培技术水平、市场需求等因素，有效利用现代设施葡萄栽培的多种功能，发挥设施保护能力与当地资源优势，使栽培方式向多元化方向发展。

2. 选择合适的品种　由于设施内环境光照减弱，温、湿度较高，再加上设施栽培往往要求上市期填补露地栽培的空白，所以并不是所有的葡萄品种在设施内均能丰产、稳产、优产和高效。通过近年来的研究与实践总结，认为适合设施内栽培的葡萄品种需要对设施内环境具有综合的适应性和良好市场需求。

3. 采用相应的栽培技术　葡萄设施栽培技术与露地栽培技术有着很大的差异，如在设施条件下葡萄植株生长期延长，休眠期缩短，同时部分设施处于封闭的环境，光照、温度、湿度和气体成分的调控就成为设施栽培管理的主要任务之一，这些差异要求有与设施葡萄栽培配套的栽培管理技术措施，如打破休眠、促进花芽分化、促进枝条成熟、提高坐果率和叶片光合效率、增进品质等，任何一项工作都要严格认真地进行，稍有疏忽往往就会造成严重损失。开展葡萄设施栽培时一定要掌握相应的管理技术和方法，不可盲目套用露地葡萄栽培经验去管理。

4. 探索合理的包装与营销战略　设施葡萄占领的应该是高端销售市场，为此必须重视采后的包装、保鲜和市场营销，提高产品附加值，以获得可观的效益。在发达国家，高档葡萄多为小包装、精包装，并有良好的冷链贮运保鲜条件。国内设施葡萄也将向着这个方向发展，例如许多公司设施生产葡萄采用2～5千克小包装，在市场上销售很好，取得了很好的经济效益，而且在包装中采用不同颜色品种组合，商品外观非常引人注目，消费者在购买一个包装的同时可以买到多种口味的葡萄。不断开发适宜市场消费的包装，坚持不断开展探索市场营销的方式，是设施葡萄栽培提高附加值、增加收入，必须认真、坚持贯彻的原则。

第二章 葡萄设施类型

应用于葡萄栽培的设施类型很多，生产上按照设施结构的不同主要分成日光温室、大棚、避雨棚3个类型，并且各类型在发展中不断改进与完善，附属的新材料及新设备逐步得到应用，提升了设施的现代化水平。

一、主要设施类型

1. 日光温室 日光温室的显著特点是保温效果优良，通常应用在北方地区，主要用来进行葡萄促成栽培或延迟栽培，部分温室有加热设备，大部分依靠日光照射升温。日光温室按照使用透光保温材料的不同，分成两种类型。

（1）玻璃日光温室 最早的日光温室均采用玻璃作为透光保温材料，其优点是擦洗容易、牢固，不易受到大风等灾害影响，缺点是成本高、笨重、保温效果不良。目前，在我国利用玻璃温室进行葡萄生产的相对很少。

（2）塑料薄膜日光温室 塑料薄膜日光温室，其优点是透光性和保温效果较好，薄膜容易更换。日光温室通过南面塑料薄膜受光升温，东、西、北三面设有保温墙，各地根据当地的自然条件在温室建筑结构、覆盖材料、保温设备等方面进行了改良，提高了设施利用率，降低了生产成本，在实际应用中取得了良好的经济效益，是我国北方设施葡萄栽培的主要类型。我国日光温室栽培葡萄历史较短，但面积较大，设施结构设计与栽培技术正在完善之中。

2. 塑料大棚 广泛应用于全国各地，主要用来进行促成栽培、延迟采收兼避雨栽培。优点是设施透光性好，坚固耐用，且设施单位面积造价低，建造容易。缺点是无保温设施，散热较快。

大棚在发挥避雨作用的同时，还能起到一定的促成和延迟作用，在生长期不能满足晚熟葡萄品种发育的地区，可以延长生育期，使一些优质的晚熟品种充分成熟，大大提高了产品的商品品质和栽培效益。

大棚骨架建造采用的材质多种多样，有钢架结构、苦土结构、竹木结构或钢架竹木混合结构等；其投资小，见效快，1～2年即可收回成本，是南北皆宜的经济设施类型。经过多年的应用，各地区对结构进行了改进，有的采用多层塑料覆盖结构设计，取得了良好的保温效果，浆果可比以往单层塑料覆盖提前半个月上市；还有的采用多棚连栋，有效提高了土地和建材的利用率。

大棚葡萄栽培，在总结了我国近年来生产经验的同时，也吸取了外国（如日本）的部分先进经验，设施结构设计与栽培技术基本成熟。

3. 避雨棚 避雨棚是以避雨为目的，将塑料薄膜覆盖在树冠顶部的一种方法，发挥其保护葡萄叶片、果实和枝条等不受雨水所携带的病原菌侵蚀的作用。实际上，葡萄避雨栽培是在塑料大棚避雨的基础上发展起来的，是更为简易的塑料大棚，处于半封闭状态，其设施发挥的主要作用是避雨。

近年来，避雨栽培在我国华北及长江以南地区发展很快。采用的避雨设施简陋，但效果显著，由于采用了避雨设施，使得南方多雨地区也能栽培优良的欧亚种葡萄。避雨栽培不仅在南方地区栽培葡萄具有重要的意义，即使在华北南部和西北东部等广大鲜食葡萄冬季不下架栽培区也都有良好的推广应用价值。

日本大约在30年前开始普及应用避雨棚，目前应用面积很大，设施结构设计与栽培技术值得我国借鉴。

二、设施设计与建造

葡萄在设施内生长发育，还需要搭架，要求较大的空间，因此在设施设计上应充分考虑空间的合理性，不能盲目参照蔬菜等农作物种植设施建造。

1. 日光温室设计与建造

（1）常见种类

①竹木结构（彩图2-1、彩图2-2）。以竹木为骨架，取材方便，经济实用，是目前我国日光温室葡萄的主体。一般竹木的使用寿命仅3～5年，局部损坏可随时维修。竹木结构日光温室结构设计及参数如图2-1。设施特点是有支柱，葡萄架式设计时必须利用该支柱，发挥其功能。

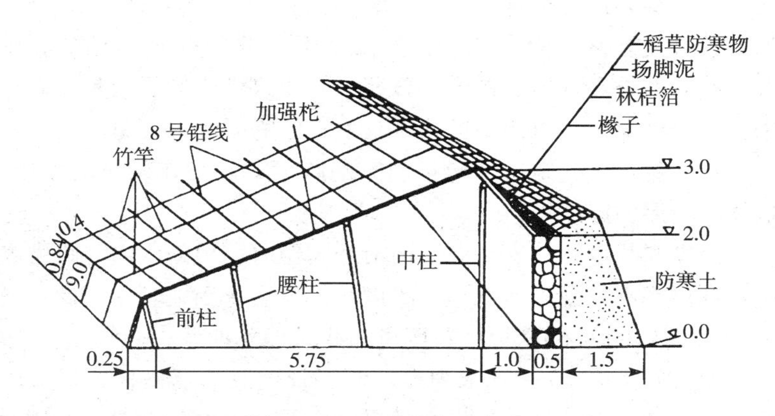

图2-1　竹木结构日光温室结构与参数示意（单位：米）
（张福墁等，2008）

②钢架结构（彩图2-3）。伴随农业产业的发展，工业也不断影响农业，葡萄日光温室结构得到逐渐完善，钢筋水泥的利用，使日光温室结构选材更加合理，耐用，操作更加方便。钢架结构日光温室钢架主要参数如图2-2。

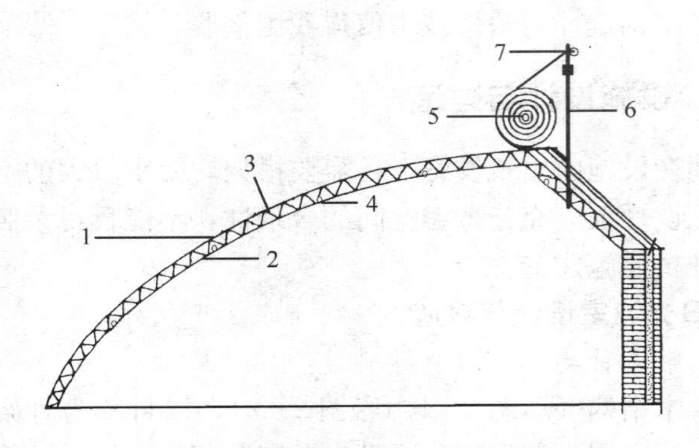

图 2-2　钢架结构日光温室钢架参数示意

1. 上弦（4 分管）　2. 下弦（12 毫米钢筋）　3. 拉花（8 毫米钢筋）
4. 纵向拉筋（4 分管）　5. 卷帘杆（6 分管）　6. 卷帘机支架（3.3 厘米管）
7. 卷绳杆（3.3 厘米管）

（2）日光温室设计

①日光温室结构设计。日光温室生产的关键时期是冬春季节。此时，外界环境是低温短日照，对建筑结构的要求是：充分采光，严密保温，以满足葡萄生长发育的需要。

日光温室的建筑尺寸包括温室的跨度、高度、采光面坡度、墙体和后屋面厚度等。

跨度与长度：跨度是温室南沿底脚至北墙根的距离。跨度大土地利用率高，但不易保温；跨度小易保温，土地利用率低，一般 6～7 米。纬度偏南地区跨度可大些，偏北地区小一些。

温室长度以 50～60 米为多，便于管理及生产操作，最长不宜超过 100 米。从保温与增温效果分析，较长的日光温室比相对较短的日光温室效果好。

高度：高度是温室屋脊至地面的垂直距离。跨度确定以后，中脊高，采光屋面角度大，有利采光；但太高，不利保温，一般以 2.8～3.1 米为多。跨度小的脊矮些，跨度大的脊高些。日光温室结构设计如图 2-3。

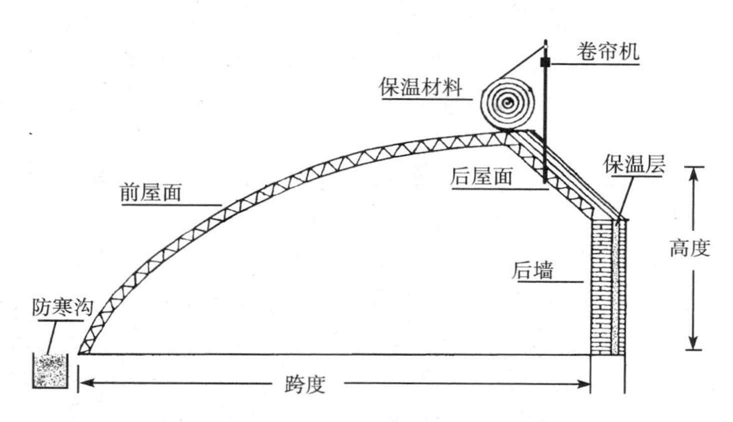

图 2-3　日光温室结构示意

采光屋面的坡度：一坡一立式温室，采光屋面坡度 23°～25°居多；拱圆形温室，靠近采光面底脚处 60°～70°，中段 30°～40°，屋脊前 10°～20°。

后屋面仰角：不小于当地正午时太阳高度角，一般应比其大 7°～8°。

后屋面厚度：用秫秸、干土或炉渣等简易材料做成的后屋面，在冷凉地区保温层厚度 30～40 厘米，严寒地区 50～70 厘米。后坡建造安装轻型保温板如聚苯板时，可适当薄些。

后墙：土墙厚度在江淮平原、华北南部为 0.8～1.0 米，华北平原、西北及东北严寒地区 1.0～1.5 米。砖墙厚度一般 50～60 厘米（包括中间夹层）。采用聚苯板充当部分保温墙体的，可适当薄些。

后屋面投影长度：中脊在地面上的垂点至后墙内侧距离，占温室跨度的 1/4～1/5。

建造温室的时间应在春、秋季节进行，即土壤解冻后至雨季前和雨季后到土壤冻结前半个月这段时间为宜，若修建时间过晚，墙体不易干透，影响温室效应发挥，墙体还会因冻融交替而破损。

②日光温室采光设计。

方位：一般是坐北朝南。在冬季严寒，早晨雾多、雾大的地区，可以偏西5°～10°；而在冬季早晨不太严寒、雾少的地区可以偏东5°～10°，以利用上午较好的光质。

相邻温室的间距：南北相邻两栋温室间距，应当保持一定距离，确保在一天之中的大部分时间里不致相互遮阴。考虑到揭、盖帘的时间，两温室间距应保证当地冬至时节上午9时至下午3时的时段内，南面的温室对北面的温室不致造成遮阴为宜，如在沈阳地区间距一般6～8米不等。

采光屋面的坡度和形状：必须保持采光屋面有一定的角度，使得采光屋面与太阳光线所构成的入射角尽量小。当入射角为0°时，太阳光线与采光面垂直最为理想，这时采光屋面对阳光的反射率等于0，射到采光面上的阳光几乎可以全部透进温室中，但这是做不到的，因为冬季太阳高度角很小，如果要使采光面与冬至正午时阳光垂直，采光面必须很陡，如在北京地区采光面与地面夹角要达到63°，而要满足这一点后墙必须很高。同时太阳位置也是在时刻移动着的，要做到时刻与太阳光线垂直显然是不可能的。根据生产经验，必须从总体优化角度出发，考虑到温室生产季节，充分采光，建议优化的温室采光屋面的坡度如表2-1。

表2-1 各地区各时段优化屋面坡度（°）

纬度（北纬）	10月至翌年4月	11月至翌年2月	3～4月
30	45	55	25
35	50	60	30
40	55	65	35
45	60	70	40

由表2-1可以看出，太阳位置冬季偏低，春季升高，在温室前沿底脚附近，角度应保持在60°～70°。腰部30°～40°，上部

近屋脊处10°左右。

关于采光屋面的形状，笔者曾研究过几种典型的采光屋面形状与温室直射光透过率的关系，发现在相同的跨度和高度下，圆一抛物面组合式屋面透光率最高，一坡一立式和椭圆形屋面最差，圆形屋面和抛物面形屋面居中。

后屋面的仰角和宽度：后屋面应保持一定的仰角（后屋面与地面的夹角），仰角小势必遮阴太多，后屋面的仰角应视使用季节而定，但至少应略大于当地冬至正午时的太阳高度角，以保证冬季阳光能照满后墙，增加后墙的蓄热量。后屋面应保持适当宽度，以利保温。但后屋面太宽，春秋季室内遮阴面积大，影响后排葡萄的生育和产量。后屋面的宽度要兼顾采光和保温两个方面，冷凉地区后屋面投影（中脊至地面垂线到后墙根的距离）可短些；严寒地区可长些。

温室长度：温室适当长一些可减少两山墙遮阴面积比例，增加光照，降低造价，但如温室过长，影响生产操作。

在温室采光设计中，选择用于日光温室的塑料薄膜时，应特别强调防雾、防滴、抗老化性和保温性能。此外减少设施及葡萄架立柱等也是提高室内光照水平的措施。

③日光温室保温设计。

墙体：日光温室的墙体有单质墙体和复合墙体两种。单质墙体由单一土（彩图2-4）或砖（彩图2-5）、石块砌成；异质复合墙体一般内、外层是砖，两砖间有保温材料的中间夹层，中间夹层填充的保温材料如干土、煤渣、珍珠岩及苯板等。一般来说土墙厚度以1.0米左右为宜，冷凉地区可以薄一些，严寒地区应厚一些。砖墙厚度以50～60厘米为宜，有中间隔层的更好。

近年来人们为了提高土地利用率，减少砌墙时的劳动投入，在墙体上引入了聚苯乙烯板等保温材料，仅5～10厘米厚的聚苯板其导热性能相当于厚度30厘米以上的红砖。但是聚苯板做墙体时应将聚苯板放在红砖的外侧或两层红砖之间。因为聚苯板只是导热能力低，其吸热、蓄热能力远不如红砖。一个好的墙体，必须兼顾到吸热、蓄热和导热多个因素。

在选择隔热材料时，既要考虑其价格是否经济合算，又要考虑隔热性。有机质做隔热材料虽然经济，但有机质在高温、高湿条件下易腐烂，不仅起不到隔热作用，反而有损于墙体的坚固性，不能采用。

后屋面：后屋面的厚度及其投影长度影响温室的保温能力。

根据研究，后屋面在日光温室保温中起重要作用。在后屋面设计中，后屋面长有利于保温不利于增温，后屋面短有利于增温不利于保温。

建造后屋面，为了提高强度，基础一般铺设木条、木板、石棉瓦或水泥板等，中间基质选择轻便、疏松、干燥、多孔的材料，如秫秸、稻草、干土、煤渣等，表层简易的一般覆盖一层或两层旧塑料；后屋面还要有一定的厚度，防寒层的厚度各地不等，在河南、山东、河北南部等冷凉地区，厚度可在30～40厘米；华北北部、东北、内蒙古等寒冷地区，厚度达60～70厘米。

近年来，后屋面的做法又有所改进，一般先在后屋面钢架上铺钢筋混凝土水泥板，其上放置5～10厘米的聚苯板，聚苯板上浇铺煤渣、水泥，然后覆一层防水材料如油毡等进行防水处理；为了提高后屋面的坚固性，彩钢开始在部分地区得到应用。

前屋面覆盖：前屋面是温室的主要散热面，前屋面覆盖可以阻止散热，达到保温的目的。目前我国日光温室前屋面外侧覆盖材料主要是草帘、纸被，保温被等。另一种办法是在室内张挂保温幕帘，如旧薄膜、寒冷纱等形成二层幕，即双层膜夜间保温；白天卷起二层幕让阳光射入室内，夜间拉上，阻止散热，一般可使室内气温提高2.0℃；在沈阳地区，目前已经开发出双层膜结构日光温室类型，并在生产中得到应用；除此之外，在地面上架设小拱棚，也是一种室内覆盖的方式，小拱棚内气温一般可提高1.0～3.0℃。

防寒沟：设置防寒沟是为了防止热量的横向流失，提高室内地温。防寒沟一般设在室外，宽度20～30厘米，深度40～60厘米，沟内填充苯板作为隔热物，经久耐用，效果好。

地面覆盖：地面覆盖是提高地温的有效措施，地面覆盖方法主要是铺设地膜，根据研究，铺一层地膜可使地面最低温度提高0.5℃左右。

进出口：温室一侧山墙应设进出口（门），进出口设在东山墙为宜，以防西北冷风侵入室内，要设门，再挂门帘保温。为防止操作人员出入温室时冷风直接灌入室内，应在东山墙（即开门的山墙）东侧设临时缓冲间或永久操作间，操作间的门向南，严寒时节最好也要挂上门帘。永久操作间可供工人休息或兼做贮藏杂物。

通风口：日光温室通风具有降温、除湿、调节室内CO_2浓度及排除室内有害气体等作用。

日光温室主要采取“扒缝”式通风方法。设计上，上排通风道设在屋脊附近，下排通风道设在腰部；放风时可将其扒开，不放风时风道关闭，这种通风方法可以根据室内外温湿度状况随时调节，通风操作要做到在严寒时既保温又达到通风换气的目的，同时不损坏薄膜，因此覆膜安装设计及工艺要求较高。寒冷季节宜顶部通风，以防冷空气伤害作物，春季应当同时扒开腰缝和顶缝。

有的日光温室后墙开设通气孔，根据要求随时开启或关闭。孔的位置一般距地面1.0～1.5米，设计间隔约3米，孔的大小25厘米×25厘米或30厘米×30厘米。

2. 塑料大棚设计与建造

（1）常见类型

①竹木结构（彩图2-6）。以竹木为原料建造的大棚，建造容易，经济实用，是我国目前大棚葡萄生产的主要设施类型，其结构如图2-4。

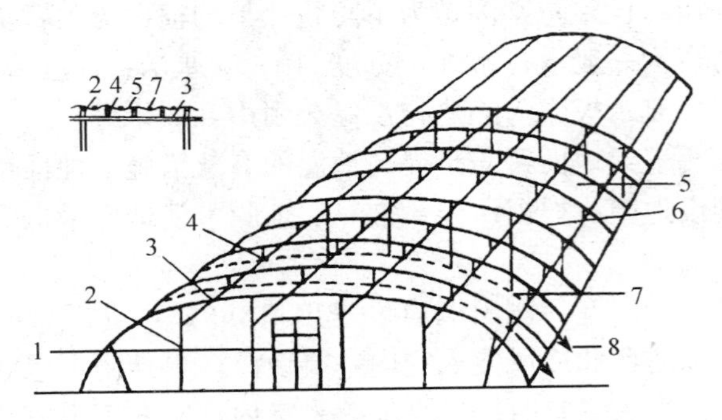

图 2-4　竹木结构大棚结构示意

1. 门　2. 立柱　3. 拉杆（纵向拉梁）　4. 吊柱

5. 棚膜　6. 拱杆　7. 压杆（或压模线）　8. 地锚

（张福墁，2008）

由立柱、拱杆、拉杆、吊柱（悬柱）、棚膜、压杆（或压模线）及地锚等构成。

立柱：起支撑拱杆的作用，纵横构成直线排列。粗度为 5～8 厘米，中间最高，向两侧逐渐变矮，形成自然拱形。为了节省空间，也可采用吊柱形式。在葡萄架式设计中应考虑立柱的设置情况，确保合理利用立柱和棚内空间，以便于日后生产管理操作。

拱杆：是支撑大棚膜的骨架，可用粗度为 3～4 厘米竹、木杆或相应强度的竹片按照大棚跨度与弧度连接而成，拱杆两端插入地中，其余部分横向固定在立柱顶端，成为拱形，为了确保强度，通常每 0.8～1.0 米设置一道拱杆。

拉杆：起纵向连接拱杆和立柱，使大棚骨架成为一个整体的作用，可用粗度为 3～4 厘米竹、木杆作为拉杆，拉杆长度与棚体长度一致，一般多少行立柱相应配置多少行拉杆。

压杆：在棚膜外侧通过铁钉或铁丝固定在膜内拱杆上，起压平、压实和固定棚膜的作用，每隔 2～3 根拱杆设置一根压杆。为了提高固定效果，一般跨度大于 10 米的大棚，都采用压杆固定棚膜，而跨度小于 10 米的大棚往往采用压膜线固定棚膜。

压膜线：安装于棚膜之外每两拱杆之间，也起压平、压实和绷紧棚膜的作用。两端与地锚相连，发挥固定作用。

②钢架结构（彩图 2-7）。主体结构为钢管及钢筋焊接或组装而成，是我国大棚葡萄生产的新设施类型，具体由桁架、棚膜、压模线、卡槽、地锚和门等构成（图 2-5）。

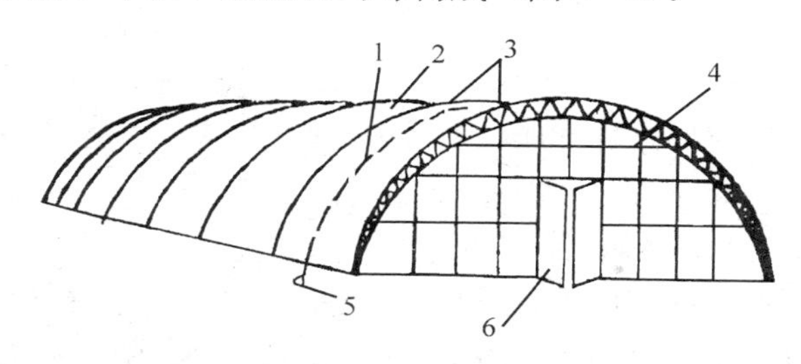

图 2-5　钢架结构大棚结构示意

1. 压膜线　2. 棚膜　3. 钢结构桁架
4. 卡槽　5. 地锚　6. 门

钢结构桁架一般有单梁骨架和双梁平面骨架两种。

单梁骨架主体是厚壁 6 分镀锌钢管，或热浸锌钢管，直接弯制成型，用时随时安装，国内外有许多企业可专业化生产，造价较高，使用寿命长；日本材料报道，热浸锌钢管大棚设计使用年限 70 年以上；从强度上看，单梁骨架抗雪灾能力略差，在降雪少或不降雪地区应用为宜。由于造价较高，目前仅在国有科研院所或大型农事企业应用。

双梁平面骨架由钢管和钢筋焊接而成，结构特点与数据参数如图 2-6，根据生产要求可以自己随时焊接制作。双梁平面骨架大棚造价较低，使用寿命 15 年以上，经济实惠；同时抗雪灾能力较强，是我国南北皆宜的钢架结构大棚类型，生产中应用较多。

除了竹木结构与钢架结构大棚外，还有苫土结构大棚（彩图 2-8）。苫土结构大棚在使用寿命上系竹木与钢筋结构的中间类

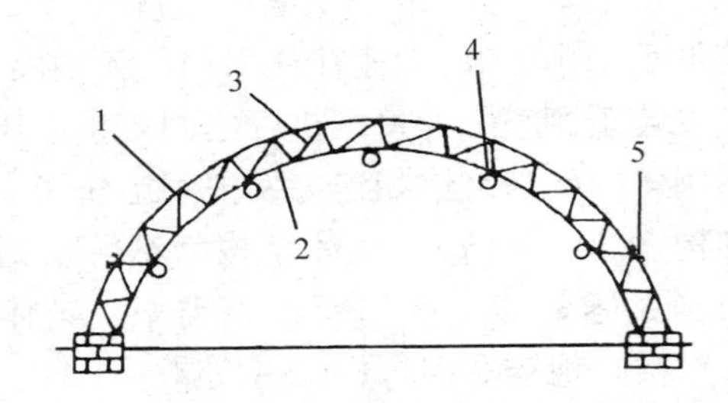

图 2-6　大棚单梁骨架钢架结构桁架参数示意

1. 上弦（4 分管）　2. 下弦（12 毫米钢筋）

3. 拉花（8 毫米钢筋）　4. 纵向拉筋（4 分管）　5. 卡槽

型，在我国也有一定的应用。

（2）大棚建造设计

①大棚方向。原则上要求南北延长设计建造，这样棚内葡萄受光均匀，有利葡萄生长发育；个别受地形所限也有东西建造的，采光、通风效果稍差。

②棚间距。南北延长大棚，南北两头的棚间距是脊高的 0.8～1.5 倍；东西两棚间距 1.5～2 米，以免相互遮阴。为提高土地利用率，也有两棚间只留出一条宽度为 0.6～0.8 米排水沟的棚间距设计。

③面积。一栋大棚的面积究竟多少为宜，要考虑大棚的建材结构，当地气候条件，葡萄架式选择与管理水平等。目前竹木结构的大棚单栋面积以 1.0～1.5 亩居多（有立柱）、钢架结构的以 0.5～1.0 亩常见（无立柱）。为了节省土地资源和机械化作业方便，大棚单栋面积有向更大发展的趋势，有的大棚中部设置粗钢管作立柱，大棚跨度达 20 米以上，大棚面积扩大，同时顶部可放置保温帘，起到日光温室的效果，值得提倡。

④长度。大棚长度 50～60 米居多，超过 100 米管理不便。

⑤跨度。跨度为大棚两侧的间距，如图 2-7。竹木结构间距以大于 12 米居多，钢架棚 6～8 米常见，棚体过大，易遭受风雪破坏，棚体过小，土地利用率低，单位面积造价高。

⑥脊高。脊高为大棚最高点距地面的距离，如图2－7。脊高要适中，过高，对荷载要求也高，保温差；过矮，影响透光，不利通风降温。一般竹木结构的脊高为1.8～2.2米，钢结构的脊高为2.8～4.5米。

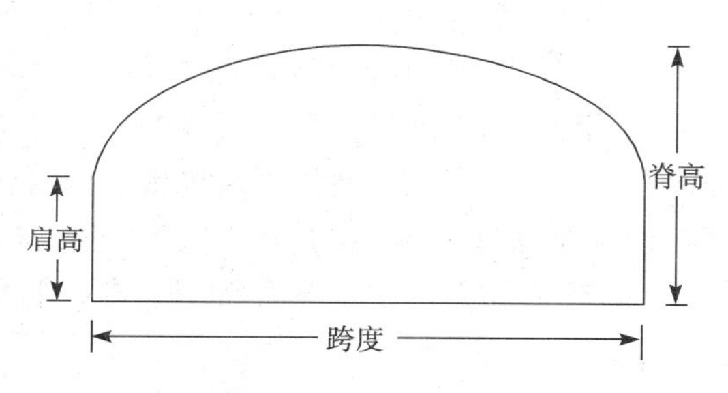

图2－7　大棚结构示意

⑦肩高。肩高即大棚两侧的高度，如图2－7，一般为1.2～1.8米。肩高过矮，大棚边行葡萄生长伸展不开，使用面积不得不往棚内收缩，造成土地利用不经济，而且影响棚内自然通风和人工作业，但过高不仅造价高，而且增加荷载。脊高的大棚，肩高设计也相应高一些。

在大棚设计方面，目前出现一个新的类型，即设施表面覆盖保温材料型塑料大棚。结构要求内部设立支柱，桁架强度更高，桁架安装密度更大，两端一般采用砖混结构取代传统的钢筋结构。设计上，脊高、肩高及跨度等指标可加大，为了方便覆盖保温材料，应安装卷帘机等辅助设备等。通过该设施生产葡萄，产期调节幅度加大，往往处于日光温室与大棚之间，经济效益较高，而且在北方冬季可简化防寒。

（3）大棚跨拱比、保温比和通风量

①跨拱比。跨拱比是跨度与脊高和肩高差的比值。跨拱比的大小表示棚顶形状，跨拱比大，顶部平坦，棚顶坡度小，雨雪不易自然下落，易出现兜水及积雪现象，损坏薄膜；此外，压膜绳不易将薄膜压紧，遇大风棚膜上下波动，不牢固。跨拱比一般要

求 8～10，不宜超过 15。

②保温比。地面积与覆盖的薄膜面积之比。保温比大，表示覆盖的棚膜面积小，虽放热量小了，但白天受光面积也小；反之保温比太大，放热面积大，不利保温，一般为 0.6～0.7。

③通风量。目前我国的大棚一般采取自然通风，即顶部沿大棚方向开中缝，或东、西两侧沿大棚方向各开一个侧缝，通风口开闭视棚内温度状况，棚内外温差要灵活掌握。近年来，电动或手动卷膜器放风装置开始应用，使大棚通风更加简易化。

3. 避雨棚设计与建造 从结构特点上看，避雨棚可分单栋和连栋两类；从材料方面看，避雨棚有竹木结构、钢筋结构，也有上述混合结构。

避雨棚由架柱，3 道横梁，8 道拉丝组成。立柱高度 270 厘米，柱间距 400 厘米，其中 60 厘米埋入土壤中，棚高度 210 厘米，棚弓跨度 220 厘米，矢高 30 厘米（图 2－8）。拱片可选用竹片或铁丝，间距 60 厘米左右，棚与棚之间的顶部横梁如果相互连接，即组成连栋避雨棚。

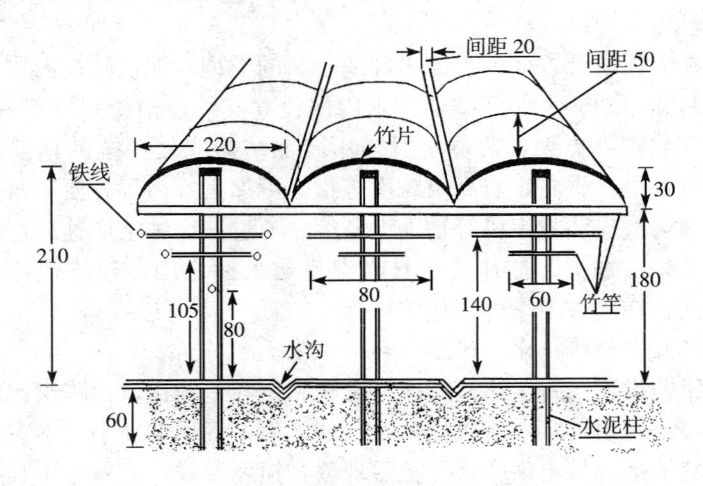

图 2－8　遮雨棚结构示意（单位：厘米）

三、设施结构改进

随着设施葡萄栽培面积的不断扩大，设施结构、材料及附属设备在实用、高效、安全方面上不断改进与提高，但与国外相比还有较大的差距，我们在看到进步的同时，也应感觉到与发达国家设施葡萄栽培中应用硬件设备的差距，预计在一段时间内这种差距将继续存在，但差距将逐渐缩小。

1. 日光温室结构改进　在葡萄设施栽培上，一开始多借用原来蔬菜栽培用的日光温室，近20年来，各级政府部门组织专家、学者和科技人员对日光温室进行了总结、研究、改进，形成了几种结构性能优化、科学规范的日光温室新结构，如鞍山Ⅱ型、辽沈Ⅱ型等，日光温室的实用性得到改进，如表2-2。日光温室结构向保温效果更好、光利用率更高、更适宜葡萄栽培方向发展。

表2-2　改进型日光温室与普通日光温室结构的主要差别

（张福墁等，2008）

结构	改进前	改进后
跨度	5～9米，结构不牢固	6～8米，结构牢固
脊高	2.0～2.2米，空间小，不利于生产作业	2.8～3.5米，空间大，有利于生产作业
长度	50～60米，面积半亩左右，增温保温效果差	100米左右，面积1亩左右，增温保温效果好
材料	竹木	钢筋
立柱	有立柱，遮光，不利于生产作业	无立柱，不遮光，利于生产作业
后墙	1. 高度一般在1.5米左右； 2. 厚度在50厘米左右； 3. 散热多，保温差； 4. 有较大型通风窗，散热多	1. 高度多为1.8～2.5米； 2. 厚度多为1.5米以上（含堆土），中间夹苯板； 3. 散热少，保温好； 4. 小型通风窗（或无通风窗），保温好

（续）

结构	改进前	改进后
后坡	1. 较薄，约30厘米，草帘泥土等材料，保温差； 2. 后坡仰角小，早春北墙接受不到直射阳光，贮热少，夜间产生热辐射少	1. 较厚，厚度＞40厘米，加入珍珠岩、苯板等保温材料，保温效果好； 2. 后坡仰角大，北墙接受阳光多，贮热多，夜间产生热辐射多
防寒沟	无防寒沟。棚内南北温度差大，常导致葡萄植株生长不整齐	有防寒沟。棚内南北温差小，葡萄植株生长整齐
前屋面	1. 屋面角度不够合理，透入棚内的光热较少； 2. 薄膜透光保温性能差	1. 屋面角度合理，透入棚内的光热较多； 2. 选用无滴膜，透光保温性能好
保温材料	1. 简易草帘覆盖，散热多； 2. 没有反光膜、地膜等，增温效果差	1. 采用多层塑料、纸被和保温被等覆盖，保温好； 2. 内设反光膜、地膜等，增加室温及地温
卷帘机	人工卷帘，效率低，减少光照时间	机械卷帘，效率高，增加光照时间
通风口	依靠手动移动棚膜放风，费时、费力，放风不及时	靠动力牵引装置开闭棚膜放风，省时、省力，放风及时

在不同气候环境和经济条件下，各地群众因势利导，开发出许多日光温室结构，例如在西北及东北等地区直接利用堆土作为后墙建立日光温室，或在北方寒冷地区后墙外堆土保温，或在北侧设立阴面棚种植蔬菜等作物的新日光温室类型，既起到保温作用又能合理利用土地资源增加收入，值得各地参考借鉴。

值得注意的是，葡萄设施的建设不得污染土地，影响土地的生产潜能，土地是当代人留给子孙后代不可再生的宝贵资源，我们必须好好珍惜利用。

2. 塑料大棚结构改进　塑料大棚与温室相比，具有结构简单、建造和拆装方便、一次性投资较少等优点。各地区在使用塑料大棚栽植葡萄的过程中，通过不断地摸索和总结，使得结构向着更坚固耐用、使用寿命更长、作业更方便、棚体空间更大、更适宜葡萄栽培的方向发展（表2-3）。

表2-3　塑料大棚结构改进前后差别

结构	改进前	改进后
架材	竹木、苦土等结构，有的使用立柱	钢架、镀锌管结构，装配式，无立柱
高度	2.5米以下	2.5～3.5米
通风措施	铺盖一张塑料薄膜，手动掀塑料薄膜通风	两侧采用塑料做裙围，摇杆装置掀塑料薄膜通风
肩高	无肩或1.0米左右	1.2～1.8米
卡槽	无卡槽，塑料薄膜易受风害	安装卡槽，塑料薄膜避免风害，延长棚膜使用寿命
大棚栋体	单栋拱圆形	双栋、连栋拱圆形（彩图2-9）或屋脊形
棚体覆盖	单层塑料薄膜，冬季无覆盖	双层塑料薄膜，冬季有覆盖

在实际生产中，广大的劳动者还创造出了很多适宜生产、节约成本的结构，例如钢筋竹木混合结构、钢筋苦土混合结构、玻璃钢结构等大棚类型；为了促早栽培，在大棚内支立小拱棚提高温度（彩图2-10）。同时随着农业工业化发展，塑料大棚结构标准化、工业化程度也在不断发展提高，装配式钢结构大棚（彩图2-11）得到发展。未来的塑料大棚将向着提高保温效果、提高光能利用率、高效水肥管理的结构与模式发展。

3. 避雨棚结构改进　葡萄避雨栽培在南方得到推广才十余年的时间，避雨棚投资小，但发挥的作用却很大，伴随南方葡萄产业的发展，葡萄避雨设施也得到改进与发展（表2-4）。

表 2-4　避雨棚结构改进前后差别

结构	改进前	改进后
材料	竹木结构（彩图 2-12）	钢架、镀锌管结构（彩图 2-13）
形式	单栋	连栋
	塑料膜是固定的	塑料膜可动的
	开放	部分向封闭式过渡

四、设施附属材料

葡萄设施在不断发展过程中，在使用的材料和设备上吸取了国内外蔬菜很多和其他果树设施栽培的经验与教训，不断地对新材料和新设备进行同化与利用，使得设施葡萄栽培向着栽培管理容易、环境控制便捷、效率更加提高的方向发展。新材料和新设备的同化与利用主要包括以下几方面。

设施外保温覆盖材料，以往主要是使用草帘等，由于其铺卷时费力，遭浸湿后易损坏和保温效果较差等特点，因此开始推广使用新型的保温覆盖物，例如纸被、棉保温被、太空棉保温被等。

1. 农用塑料薄膜　随着现代工业的发展，所生产的农用塑料薄膜种类繁多，而且向更专业化方向发展，其使用特点根据设施与葡萄生育阶段也出现差异。

（1）塑料薄膜类型　塑料薄膜应选择透光率高、保温性强、抗张力、抗农药、抗化肥力强的无滴、无毒、重量轻的透明薄膜。

目前葡萄设施生产中应用的棚膜塑料主要有聚氯乙烯和聚乙烯两类（表 2-5）。

①聚氯乙烯膜（PVC）。优点是采光好，保温效果好，无滴。缺点是密度大，造价高，静电强，消雾效果也不好，易吸附灰尘，不抗老化，一般需要一年一换；所含的氯离子对农作物有污染。一般仅在北方日光温室促早栽培中使用。

表 2-5　棚膜塑料类型与效果

材质	类型	光照	保温	寿命（年）	其他特点
聚氯乙烯	PVC 无滴防老化膜	最好	最好	2 年	具有防老化和流滴特性，透光性和保温性好，无滴性可保持 4～6 个月，安全使用寿命达 12～18 个月，厚度 0.1～0.12 毫米，幅宽折径 1～4 米，每亩用膜 120～140 千克。应用较为广泛，是目前高效节能型日光温室首选覆盖材料
聚乙烯	PE 长寿棚膜	好	好	3 年	克服了聚乙烯普通棚膜不耐高温日晒、不耐老化的缺点，可连续使用 2 年以上，成本低。厚度 0.1～0.12 毫米，幅宽折径 1～4 米，每亩用膜 100～120 千克。此膜应用面积大，适合周年覆盖栽培，但要注意减少膜面积尘，维持膜面清洁
	PE 长寿无滴棚膜	好	好	3 年	在聚乙烯膜中加入防老化剂和无滴性表面活性剂，可使用 2 年以上，成本低。无滴期为 3～4 个月，厚度 0.1～0.12 毫米，每亩用量 100～130 千克，无滴期内能降低棚内空气湿度，减轻早春病虫的发生，增强透光，适于各种棚型使用，可用于大棚内的二层幕、棚室冬春连续覆盖栽培
	PE 复合多功能棚膜	好	好	3 年	在聚乙烯原料中加入多种添加剂，使棚膜具有多种功能。如薄型耐老化多功能膜，就是把长寿、保温、防滴等多功能融为一体。耐高温、日晒，夜间保温性好，耐老化，雾滴较轻，撕裂后易黏合，厚度 0.06～0.08 毫米，折幅宽 1～4 米，能连续使用 1 年以上，每亩用量 60～100 千克。透光性强，保温性好，晴天升温快，夜间有保温作用，适于塑料大棚冬季栽培和特早熟栽培及做二层幕使用，已大面积推广

②聚乙烯膜（PE）。其中包括长寿无滴膜等。优点是消雾效果好，防老化，静电弱，不易吸附灰尘。用量日趋增加。

膜的色泽根据生产的需求也不尽相同，有色膜是其中的一类，如紫光膜有促进葡萄着色的作用，绿色膜有提高光合作用的能力。

（2）农用塑料薄膜使用特点

①农膜选择。对于需要进行周年覆盖的日光温室和大棚，要求使用厚度为0.10～0.12毫米的薄膜，作简易栽培的葡萄设施，如避雨棚，在短期内（覆盖仅几个月）葡萄即可采收完毕，不必使用上述厚薄膜，选用厚度0.03～0.06毫米的薄膜即可。

②农膜更换。首先应根据塑料薄膜的完整程度来决定是否需要更新，发现塑料老化或出现裂口，应立即更新；其次根据葡萄生长对光的需求，应尽可能保证塑料处于最佳透光状态，否则随时更新。对于一般的塑料而言，聚乙烯膜每年透光率递减10%～30%，聚氯乙烯膜每年透光率递减率可达50%，尽管塑料使用寿命可达2～3年，为了追求葡萄最佳光合产能，生产中一年一换塑料薄膜的现象还是比较常见，同时对于每年更换下来的旧塑料，还可以在设施防寒保温等方面加以利用，做到物尽其用。

③农膜覆盖持续时间。塑料薄膜在发挥作用期间，应一直覆盖，确保葡萄安全生产，如日光温室及大棚栽培葡萄应全年覆盖，而葡萄避雨栽培，一般只生产季节覆盖。个别地方，为了提高设施光照，往往在雨季过后将设施塑料膜撤下，不仅导致葡萄枝叶干枯等生理性疾病的发生，也埋下了因突发性降雨、冰雹等所导致的其他隐患，应注意避免。

（3）设施覆膜技术　每年早春或秋季，都开展设施覆膜工作，为了有效完成作业，应注意下列问题。

①准备工作。覆膜前期，根据需要，应开展修剪、清园、施基肥、浇水等农事作业，许多工作覆膜后再开展不利于田间作

业。覆膜前，首先要对设施骨架进行检修，骨架上能够接触到塑料膜的毛刺或锋口应磨平或缠上保护层，防止损伤棚膜。设施四周（最起码一侧）确保没有能刺破及垫伤薄膜的铁丝、树枝及砖瓦残片等杂物。其次选好农膜和裁量农膜。第三准备覆膜用的材料，如压膜线与卡槽匹配的卡簧等必备材料，并准备剪刀、梯子等工具。

②覆膜时间。应根据设施类型、栽培目的及区域气候类型而定。促成栽培，尽量要早，达到早成熟上市的目的，但绝对不能脱离当地气候的实际。对封闭的大棚，覆膜预示着升温的开始，若升温过早，休眠期没有结束，往往带来葡萄生理障碍，如萌芽不齐，花序分化不好，畸形花序多、坐果差及树势衰弱等问题，往往通过栽培很难调整。覆膜过迟，则物候期与露地接近，无法发挥促成栽培的作用。避雨栽培可在萌芽后进行，时间越早越好，避免黑痘病等危害。

具体在一天中，应选择晴朗、无风的好天气，并做到当天工作当天完成。

③覆膜顺序。对面积较小的设施，覆膜较容易；对面积较大，如500米^{2}以上的设施，应将人员划分成2～3个专业小组（拉膜、上卡簧、上压膜线等组），每组3～4人。先将薄膜在设施的一侧铺开，后从一端开始顺风上起，接续向另一方向上薄膜，上到另一端后，将薄膜摆正，待这一端用卡簧等固定后，向没有固定的一端拉膜，拉紧、拉平不留褶，然后将这一端也固定。如果检查发现棚膜上局部出现褶皱，应将对应局部重新打开，经过拉膜后，重新固定。

2. 外保温材料 塑料薄膜是最基本的外保温材料，除此之外，外保温材料还包括草帘、纸被及保温被等，其作用特点如下：

（1）草帘 草帘是传统的覆盖保温材料，由芦苇、稻草等编制而成的，其导热系数很小，可使温室在夜间的热消耗减少

60%，提高室温1～3℃，但目前市场上草帘质量有待提高，要保证一定的厚度与密度。为了提高设施保温能力，有的地区还采用双层草帘重叠覆盖保温方法，效果很好。

（2）纸被　纸被一般由4～6张牛皮纸复叠而成。在寒冷地区，草帘下加一层纸被，不仅增加了空气间隔层，而且弥补了草帘稀松的特点，从而提高了保温性。据测试增加一层由4张牛皮纸叠合而成的纸被，可使室内最低温度提高3～5℃，增多层次，保温性能相应提高。纸被保温效果虽好，但投资高，易被雪水、雨水淋湿，寿命短，故不少地方用旧塑料薄膜将纸被夹在中间使用以延长其使用寿命。

（3）保温被　近年来开发出新型的保温被，由几种材料覆合而成，内层是厚型无纺布、针刺布和纤维棉等，外层是经防水、防老化处理的薄型无纺布、防雨绸或镀铝薄膜，保温性好，质地轻、防水、美观耐用，但一次性投入高。如在西北、东北及内蒙古等地用保温被当覆盖物，可使室温提高7～8℃，高的达10℃，其效果逐步得到生产者所认可。

3. 反光膜（彩图2-13）　反光膜是在膜的生产过程中混入铝粉，或将铝粉蒸汽喷涂在膜表面，或在膜表面真空镀铝，形成光亮度反射膜。反光膜的作用，一是提高了对可见光的反射能力，增加棚室内光照；二是铝箔的长波放射系数很小，可以阻挡热辐射的散失，具有保温作用。例如，把反光膜悬挂于日光温室北墙，由于反射光的作用，可在反光膜悬挂高度的两倍距离内增加光照强度，最高可超过40%。

反光膜悬挂时必须平整，否则形成凹面，使反射光聚集于焦点处，引起葡萄灼伤。正常情况下，反光膜的使用寿命可达3～5年。

4. 地膜　地膜覆盖栽培技术源于日本。地膜覆盖能提高土壤温度，保持土壤水分，改善土壤物理性状和养分供应，促进葡萄根系生长，增强根系吸收能力及提高葡萄光合作用能力等作用。我国在1979年将地膜生产技术同化成功并投入生产，到目前我国已成为世界地膜覆盖面积最大的设施农业国家。设施葡萄应用的地膜主要有如下种类：

（1）普通黑地膜　厚度0.008毫米，亩用量5千克，透光率仅10%，使膜下杂草因无法光合作用而死亡，可节约除草成本。黑地膜在阳光照射下，虽本身增温快，但因热量不易下传而抑制土壤增温，一般仅使土壤温度提高2℃左右。普通黑地膜由于较薄，很难回收，易污染土地。

（2）黑白双面地膜　是双层复合地膜，一层乳白色，覆盖时朝上，另一层黑色，覆盖时朝下。厚度0.02毫米，亩用量10千克。向上的乳白色膜面能增强散射光，提高设施光照度，该类膜还具有除草、保湿等功能。与此类似的地膜的还有银黑双面地膜，作用基本相同。双层复合地膜使用寿命大于普通黑地膜，可连续使用3～5年，且回收效果好。

5. 压膜绳（线）及卡槽、卡簧、卡箍　最初的压膜绳由铁丝代用，铁丝易生锈，易对塑料造成损伤。现在常用的是防老化的尼龙绳，一般使用寿命3～5年不等。目前，我国生产的专业压膜绳（彩图2-14），其内部是钢丝或尼龙线，外被一层耐老化的胶膜或塑料膜，使用效果很好。

卡槽（彩图2-15）由镀锌薄铁压制而成，通过卡簧来固定塑料，避免了塑料移动，延长塑料使用年限。卡槽可安装在大棚钢筋骨架等部位，也可预埋到日光温室两侧水泥墙体中。卡簧是卡槽的附属物件，由镀防腐蚀膜的钢丝弯制而成，同卡槽结合，发挥固定塑料的作用。卡箍（彩图2-15）一般由硬质塑料压制而成，内部预埋有钢丝，用于将塑料固定在卷膜杆上，避免损伤塑料。

6. 卷帘机　卷帘机是用于日光温室自动卷放保温帘的农业机械设备，根据安放位置分为前式（华北地区）、后式（图2-9，东北地区广泛采用），目前常用的是电动卷帘机，一般使用220V

或380V交流电源。卷帘机的主机为减速机性质。国内多家单位可以生产，规格与型号有很多种类。

7. 放风装置 分成日光温室放风卷膜装置与大棚卷膜器两类。

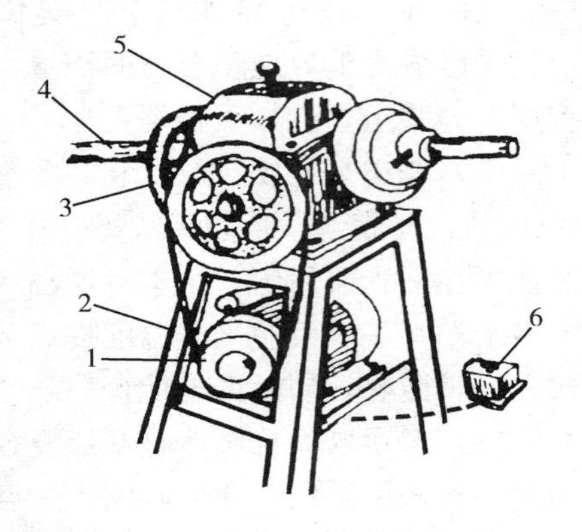

图2-9 后式卷帘机结构示意
1. 电机 2. 机架 3. 闸把盘 4. 卷管 5. 减速机 6. 开关
（赵文东，2010）

（1）日光温室放风卷膜装置 国内研究的简易设备，基本无定型产品。基本原理是将3个滑轮分别固定在压膜绳及两侧的棚架上，通过牵膜绳连接上幅膜边缘，驱动上幅膜在通风口上下移动，达到放风与闭风目的。

根据是否安装卷绳管，分成自动或半自动及纯手工牵膜几类。

自动或半自动牵膜，是将卷绳管通过轴承焊接在棚架上，通过电动或手动，驱动卷绳管运转来牵膜，为此要求卷绳管必须长期保持笔直同心（图2-10）。相应要求日光温室建造必须规范、坚固，主要体现在墙体基础及墙体结构必须牢固，长期使用不下沉。

手工直接拉绳牵膜的方法，省略了安装卷绳管的程序，也能达到放风的目的，结构基本同自动或半自动牵膜（图2-11），是目前我国经济水平低，设施结构差的过渡性产物，虽然操作较费时费力，但放风效果很好。

（2）大棚放风装置 国内外有成型产品。根据放风部位分成侧面（单栋大棚）放风卷膜器（彩图2-16）和顶部（连栋大棚）放风卷膜器两种，一般手工驱动，可卷膜长度70～80米，质量好的卷膜器卷膜长度甚至更长。

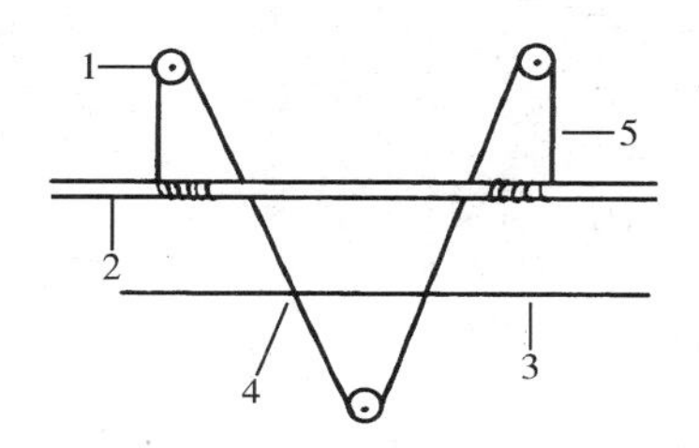

图 2 - 10　自动或半自动牵膜装置示意

1. 滑轮　2 卷绳管　3. 上幅膜边缘

4. 上幅膜与牵膜绳连接点　5. 牵膜绳

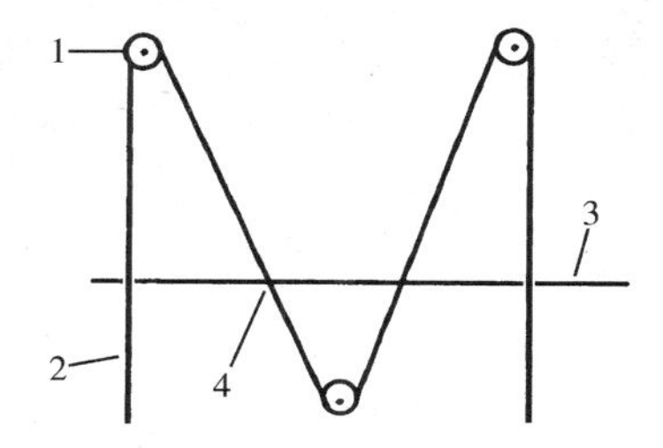

图 2 - 11　纯手工牵膜装置示意

1. 滑轮　2. 牵膜绳　3. 上幅膜边缘

4. 上幅膜与牵膜绳连接点

第三章 设施葡萄品种

一、设施葡萄品种来源与分类

世界上鲜食葡萄品种主要直接来源于欧亚种群，少部分来源于欧亚种与美洲葡萄的杂交后代，设施葡萄品种仅是鲜食葡萄品种中的一部分。

1. 欧亚种群（*V. vinifera*） 仅有欧亚种葡萄一个种，起源于欧洲，亚洲西部和北非，简称欧亚种，统称欧洲种。栽培历史至少有 5 000 年以上，已形成 8 000 个以上栽培品种，目前广泛分布于世界各地，是葡萄鲜食品种、酿酒品种、制汁品种、制干品种等的重要来源。世界著名的葡萄鲜食品种均属本种。

该种群葡萄因起源于高温、阳光充足、日照时间长的干燥欧亚大陆，表现出耐高温和干旱的特点，尽管经过长期的自然选择与人工选育，高湿、低温及短日照等仍然是该种群葡萄发展的限制因素；抗寒性较弱，不抗根瘤蚜，易受真菌性病害侵袭。

该种群葡萄品质优良，是优质鲜食葡萄品种的基因库。目前我国葡萄设施栽培的代表品种如红地球、无核白鸡心及美人指等起源于本种群或本种群间的杂交后代。

2. 美洲种群（*V. labrusca* L.） 统称美洲种，因其果实具有浓郁的草莓香味也被称作狐葡萄（fox grape）。原产于加拿大东南部和美国东北部低地及河岸上。特点是叶片带有浓密的毡状绒毛，幼叶深桃红色；果实圆形，肉质软，有肉囊；不抗根瘤蚜；

抗病性及抗寒力强，冬季可以抗−30℃的低温；对环境条件有良好的适应性，栽培历史也比较悠久。其中康可（Concord）、卡它巴（Catawba，红香水）等至今在美国仍是最优秀的制汁葡萄品种，目前，美洲种玫瑰露（Delware，地拉洼）在日本还作为一个重要鲜食葡萄品种来应用。

美洲葡萄也是重要的鲜食葡萄育种资源，也是砧木育种的主要资源。目前我国设施栽培的京亚、86-11、藤稔及夏黑等欧美杂交种是美洲种葡萄与欧洲种葡萄的杂交后代，继承了欧洲种与美洲种葡萄的优点。欧美杂交种相对比欧洲种更适应短日照、弱光及低温等环境，具有良好的适应性，是我国南北方设施葡萄栽培的首选品种。

二、设施葡萄品种分类

设施葡萄分类方法较多，除按上述来源分成欧洲种、美洲种及欧美杂交种外，生产上主要根据有核或无核特性及果实成熟期的不同而分类。

根据葡萄各品种生长期长短（活动积温）和浆果成熟期早晚的不同，葡萄可分为早、中、晚熟品种，早熟品种从萌芽生长到浆果成熟为110～130天，中熟品种为130～150天，晚熟品种在150天以上（表3-1）。

表3-1 不同葡萄品种对有效积温的要求

品种类型	活动积温（℃）	生长所需天数（天）	代表品种
早熟品种	2 100～2 500	110～130	京亚、夏黑、粉红亚都蜜、维多利亚
中熟品种	2 500～3 000	130～150	巨峰、香悦
晚熟品种	>3 000	150以上	意大利、红地球、玫瑰香

本书将对我国设施葡萄主要栽培品种按有核、无核及成熟期早、晚顺序加以介绍。

三、我国设施葡萄品种构成特点

设施葡萄品种源于露地鲜食葡萄品种大家庭，目前尚无专用于设施的葡萄品种。从世界各国鲜食葡萄品种构成上看，只有我国和日本把巨峰等欧美杂交种作为鲜食葡萄的主栽品种，伴随葡萄设施栽培的兴起，高档的欧洲种葡萄也得到发展，在一定程度上形成了品种构成的地域特点。

1. 巨峰群葡萄品种的主导地位 据2009年国家葡萄产业体系统计，我国巨峰群葡萄栽培面积仍然大于50%，足以说明巨峰群葡萄在我国所处的位置。

（1）*巨峰群葡萄品种特点* 从1937年日本培育成巨峰葡萄品种至今，经过日本葡萄专业人士与我国葡萄科技工作者半个多世纪的不懈努力，以巨峰为亲本进行广泛的杂交育种与无性系选种，已经选育出近百个鲜食葡萄品种，统称为巨峰群葡萄。其中我国葡萄专家成功改良巨峰群葡萄品质，创造性的培育出夕阳红、巨玫瑰等优质品种，把玫瑰香风味导入巨峰群，同时根据设施促早栽培需要，培育出京亚、86－11及光辉等早熟葡萄品种，使巨峰群葡萄品种构成更加完善。概括起来，巨峰（群）葡萄品种特性如下：

①花芽分化容易，结果系数高，果穗大，连续丰产性强，适合设施栽培。副梢结果能力强，适合多次结果，日本及我国南方冬季开展葡萄生产即利用了这个特性。

②果粒硕大超群，平均大于10克。单粒重最大的藤稔葡萄，粒重可达38克，创吉尼斯世界纪录，先锋、高妻、翠峰等单粒重也远远大于巨峰，追求大果形，是世界各国葡萄消费的时尚。

③果实柔软多汁，有肉囊，草莓香风味，品质中等。通过品种改良，新培育的巨玫瑰、醉金香、夕阳红风味浓郁，安艺皇后、夏黑、状元红等果肉硬度较大，口感比巨峰好，各地正积极发展。

④在成熟期方面，京亚、86－11及夏黑等早熟品种的培育，弥补了巨峰群葡萄成熟略晚的不足，目前，上述品种已经成为我国设施葡萄促成栽培的主要品种之一。

⑤在适应性方面，抗病性、抗寒性、耐弱光能力均强，是我国鲜食葡萄分布范围最广、栽培面积最大、产量最多的品种。

⑥在结实方面，巨峰品种落花落果重，应合理使用氮肥，维持平衡的树相。新品种藤稔、巨玫瑰、夕阳红及状元红等品种自然坐果优良，栽培更加容易。

⑦巨峰群中的许多品种如京亚、巨峰、先锋、藤稔、翠峰、醉金香等具有单性结实能力，可实现无核化生产。

⑧果实耐贮运性差，货架寿命短，是典型的应季水果。

（2）*巨峰群葡萄品种所处地位*　由于我国属大陆性季风气候，通常夏季降雨量大，日照时间短及温度低等，是我国葡萄发展的主要限制因子。巨峰葡萄抗性强，适应范围广，在我国大江南北都可栽培，推广面积之大是其他任何鲜食葡萄品种所无法比拟的。从对巨峰群葡萄品种的市场影响分析，对于广大的消费者而言，国人习惯了巨峰的大粒外观，适应了巨峰的口感与风味。由此可见，通过对巨峰群葡萄的适应性与国人的消费习惯分析，巨峰群葡萄所处的主导地位长时间很难改变，但是，进一步改善巨峰群葡萄品种性状，完善设施栽培技术仍然是我们今后长期努力的方向。

2. 欧洲种葡萄栽培的崛起

（1）*人民生活水平提高对鲜食葡萄品种的多样化需求*　我国是发展中国家，人民生活水平不断提高，饮食习惯逐渐精细化，对设施葡萄品质的要求日趋多样化，对高档欧洲种葡萄的需求也在不断增强。长期以来，玫瑰香、宣化牛奶及无核白等欧洲种品种一直作为高档葡萄来栽培，特别是近20年来，红地球葡萄的大面积推广，价格是普通巨峰的3～5倍，对这类葡萄品种的消费已经形成了新的群体，而且这个群体会不断扩大，促进对高档欧洲种葡萄的需求。同时由于我国的对外开放，外国人来华也不断影响着国人的消费习惯，拉动了我国对欧洲种葡萄的消费，在这种形势下，欧洲种葡萄在我国的发展将不断加强。

(2) *栽培新技术与新设施的保障* 目前我国正进行社会主义新农村建设，延续了2 600余年的农业赋税被彻底取消，标志着政府由过去的对农业“索取”转变成“反哺”，各行各业都支持农业的发展。葡萄产业发展呈现种植区域化，苗木良种化、砧木化、无毒化，田间作业机械化，经营管理标准化，信息索取依赖网络现代化的特点；这些都会促进葡萄栽培技术整体水平的提高，欧洲种葡萄栽培的技术难题逐渐得到解决，栽培面积不断扩大。同时，由于经过农业的长期积累和政府的继续扶持，对葡萄设施栽培等的投入会不断加大，地膜覆盖、节水灌溉、植物激素及生物复合肥等新技术的推广应用，为欧洲种葡萄的发展提供了科学保障。

(3) *对外贸易的需求* 我国是葡萄生产大国，栽培面积与总产量位于世界首位，但出口量非常小。据世界贸易组织（WTO）对我国葡萄国际贸易状况（涵盖鲜食葡萄、葡萄酒、葡萄干及葡萄汁等葡萄产品）统计，1995年我国葡萄产品进口0.58万吨，出口0.69万吨，2009年我国葡萄产品进口量28.15万吨，出口量14.4万吨，15年间进口量增长48.5倍，出口量增长20.87倍；1995年我国葡萄产品进口额490万美元，出口1 030万美元，2009年我国葡萄产品进口额64 700万美元，出口15 900万美元，15年间进口额增长132倍，出口额增长15.4倍；15年来，虽然我国葡萄产品出口量和出口额的增长都超过了15倍以上，但进口量却增加了近50倍，增速远超出口。而贸易逆差的增长更大，2009年达到48 800万美元，进口额是出口额的4倍还多。世界上能出口贸易的葡萄品种主要是欧洲种，我国欧洲种葡萄栽培规模和技术水平与国外的差距很大。目前在我国市场上，每千克国产巨峰葡萄售价4～6元人民币，而进口葡萄红地球每千克售价40元人民币，相差10倍。为此近年来我国大力推广欧洲种红地球的栽培，首先以满足国内需求，减少进口为主，同时也开始出口国外。

（4）*耐贮运性及货架寿命长的优势特点*　欧洲种葡萄耐贮运性及货架寿命比巨峰等欧美杂交种长，适合远距离运输与贮藏，适合于商品在批发与零售过程的长时间摆放，梗不易变色，不萎蔫，果粒不脱落，果肉不软化，这种特性目前越来越被认识到，不断发挥其商品优势，促进欧洲种葡萄的发展。

四、不同栽培方式对葡萄品种的要求

设施内环境如光照减弱，温、湿度较高，再加上设施栽培往往要求上市期填补露地栽培的空白，或按计划时间上市栽培，所以并不是所有的葡萄品种在设施内均能丰产、稳产、优产，获得高效益。

1. 葡萄设施栽培品种应具备的特点

（1）*合理的成熟期*　设施栽培一个主要的目的是调节葡萄成熟期，促早栽培尽量选择早熟品种，延迟栽培尽量选择晚熟或极晚熟品种，按计划上市时间栽培，必须考虑所选择设施内的环境指标与所选择品种的生育期对应能力，这样效益才会更明显。

（2）*适应设施环境*　设施内光照及温度变化与露地有很大差别。设施内光照强度减弱、或光照时间缩短，因此需要选择在弱光下容易形成花芽、浆果容易着色且着色整齐的葡萄品种；设施内温度较露地要高，且易出现局部短暂极端高温，常常导致叶片及果实灼伤、萎蔫和脱落，因此品种的抗热性、耐热性等等也是设施栽培选择品种时需要考虑的一个重要问题。

（3）*商品性状优良*　设施栽培是高效农业，选用的品种商品性要有突出的特点，如果穗大小适中、果粒大、色泽艳丽、优质，特异风味，奇特果形等，这样才能充分发挥设施栽培的作用。

2. 设施葡萄品种选择

(1) 促成栽培　首先，从遗传的角度看，应选择早熟、生育期短的品种；其次，从栽培角度上分析，应选择休眠期短，容易解除休眠；花芽分化容易，可实现连续丰产；叶片相对较小，生长势不强，耐高温，着色比较容易，经营管理方便的品种。多年的生产实践表明，金星无核、着色香、京亚、夏黑、86-11、光辉、京玉、香妃、87-1、粉红亚都蜜、无核白鸡心、维多利亚等是理想的设施促成栽培葡萄品种。

(2) 避雨栽培　开展避雨栽培的区域，往往是降雨频繁、光照不足的地带，再加上避雨棚膜也有一定的遮光作用，为此，避雨栽培葡萄前期往往光照不足，花芽分化受到影响。生产中应选择耐弱光，花芽容易分化，可实现连续丰产的品种。欧洲种葡萄适于干旱、炎热及长日照的生态环境；欧美杂交种葡萄，因为导入了美洲种葡萄的基因，耐阴雨潮湿，比较适合短日照环境。为此生产中应合理选择品种，应先从花芽分化容易的欧美杂交种入手，如藤稔、夏黑、醉金香、夕阳红、状元红和巨玫瑰等品种；适度选择欧洲种中花芽分化容易的维多利亚、87-1、粉红亚都蜜、红地球等品种。

(3) 设施内一年多收　为了实现葡萄一年多收，在一年内，需要人为诱导当年形成的冬芽萌发，需要花芽分化早，分化进程短而彻底的品种。通过日本及我国台湾、广西等多年实践，巨峰群葡萄品种是切实可行的，巨峰品种一年多收技术是成熟的。另外欧洲种中早熟、易成花的品种如粉红亚都蜜、维多利亚等品种，也可以实现一年多收。

(4) 延迟栽培　从生物学特性上看，应选择晚熟、叶片耐老化、生育期长的品种；对果实性状的要求，除综合品质优良外，浆果应脆硬，浆果在延迟采收过程中不软化，种子与果肉不易分离，果肉不明显糖积化。通过近年沈阳地区实验观察表明，红地球、秋黑、秋红、克瑞森无核、美人指及意大利等是比较理想的延迟栽培品种，延迟采收100天（到元旦）果实品质基本不受影响；河北宣化地区将牛奶葡萄延迟到元旦采收，创造出了很高的经济效益，也是优良的延迟栽培或延迟采收品种。

当然，我国设施葡萄发展还刚刚起步，不仅许多技术需要探索，品种选择也需要更长时间的实践总结。

五、设施葡萄主要栽培品种

1. 有核葡萄品种

（1）乍娜（Zana） 欧亚种，二倍体，1975年由阿尔巴尼亚引入我国。

幼叶紫红色，有光泽。成叶心脏形，5裂，上裂刻深，下裂刻浅，叶背有稀疏绒毛，叶缘向上翘。果穗圆锥形，平均穗重600克，果粒着生中等紧密。果粒近圆形，平均粒重8克，红色或紫红色；肉质硬脆，可溶性固形物含量16%左右，含酸量0.5%，汁多，味酸甜，品质上等。浆果在沈阳（露地，下同）8月上旬成熟，丰产。适合设施促早栽培。

（2）87-1系（彩图3-1） 欧亚种，二倍体，由辽宁省鞍山市东鞍山乡选出，亲本不详。

果穗圆锥形，穗重600克左右，果粒着生紧凑；果粒椭圆形，粒重7～9克，果皮深紫色；果肉较硬脆，汁适中，酸少，较甜，含糖16%左右，有玫瑰香味。在沈阳地区8月上旬果实成熟。适合设施促早栽培。

（3）光辉（彩图3-2） 欧美杂交种，四倍体。亲本为香悦×京亚。沈阳市林业果树研究所与沈阳长青葡萄科技公司联合选育，2010年9月品种审定。

果穗圆锥形，整齐，较大，平均穗重560g。果粒着生较紧密，大小均匀，近圆形，粒大，平均粒重10.2g；果皮紫黑色，较厚。果肉较软，可溶性固形物含量为16%，可滴定酸为0.5%，味酸甜，品质优。该品种在沈阳地区4月下旬萌芽，6

月初开花，8月末果实充分成熟。适应性强，坐果率高，栽培管理容易，是优良的中早熟葡萄品种。适合设施促早栽培。

（4）京亚（彩图3-3、彩图3-4） 欧美杂交种，四倍体。北京植物园从黑奥林（Black Olympia）葡萄实生苗中选育的品种，1992年通过品种审定。

果穗圆锥形，有的带副穗，平均穗重400克；果粒短椭圆形，平均粒重11.5克，果皮紫黑色；果肉较软，汁多，稍有草莓香味，可溶性固形物含量15%～17%。应适当延迟采收，否则过早采收果实含酸量偏高，口感酸。抗病性强，丰产性好，不脱粒，耐运输。浆果在沈阳8月下旬成熟。适合设施促早栽培。

（5）金田蜜 亲本为（里查马特×红双味）×（凤凰51×紫珍珠），金田公司2007年育成推出，欧美杂交种，二倍体。

果穗圆锥形，穗重608克。果粒圆形，粒重7.8克，黄绿色，清香味，可溶性固形物含量15%，味甜，品质上等。抗病性较强，丰产，果实在昌黎地区7月下旬成熟。适合设施促早栽培。

（6）夏至红 中国农业科学院郑州果树所以绯红×玫瑰香杂交育成，欧亚种，二倍体。

果穗圆锥形，穗重750克，大的可达1 300克以上。果粒椭圆形，粒重8.5克，大的可达15克，紫红色至紫黑色。果肉绿色，肉质硬脆，稍有玫瑰香味，可溶性固形物含量16%，总糖14.5%，总酸0.28%，品质极上。生长势中等，易成花结果，丰产，3年生树亩产1 750～2 000千克。在郑州地区，4月2日萌芽，5月18日开花，7月5日充分成熟，果实发育期为50天，比母本绯红还早熟，是极早熟品种。适合设施促早栽培。

（7）京秀 欧亚种，二倍体。北京植物园以潘诺尼亚为母本，杂种-60-33（玫瑰香×Black Monukka）为父本杂交育成，1994年通过品种审定。

嫩梢绿色，具稀疏绒毛。成叶中大，近圆形，5裂，上裂刻深，下裂刻浅，光滑无毛。果穗圆锥形，平均穗重513.6克，玫瑰红色或紫红色，肉厚而脆，味甜，酸低，可溶性固形物含量14%～17.5%，含酸量0.39%～0.47%，品质上等。较丰产。但抗病力较弱，较易染霜霉病、炭疽病。浆果在沈阳地区8月上中旬成熟。适宜干旱、半干旱地区栽培。适合设施促早栽培。

(8) 蜜汁 (Honey Juice) 欧美杂交种，四倍体。原产日本，亲本是奥林比亚 (Olympia) ×Fredonia (美洲种)，由辽宁省果树研究所引入我国。

果穗短圆锥形，穗重350克；果粒扁圆形，粒重7～8克，暗紫色，果粉厚；肉软多汁，稍有肉囊，高糖低酸，甜，可溶性固形物含量17%～18%，适合鲜食或制汁。生长势强，丰产，抗寒和抗病性极强。果实在沈阳地区8月中旬成熟。

(9) 粉红亚都蜜 (Yatomi Rosa) (彩图3-5) 又叫矢富罗莎等，欧亚种，二倍体。原产日本。

果穗圆锥形，穗重600克以上；果粒椭圆形，粒重9～12克，果皮深紫红色，非常美观；果肉硬脆，含糖16%，口感好，品质上中等。较抗病，丰产。果实在沈阳8月中下旬成熟。适合设施促早栽培。

(10) 维多利亚 (Victoria) (彩图3-6) 欧亚种，二倍体。罗马尼亚1978年育成，亲本是绯红×保尔加尔 (Dattier)，1995年由河北省昌黎果树研究所引入我国。

果穗圆锥形或圆柱形，穗重630克；果粒长椭圆形，粒重9.5克，果皮绿黄色，外观美；果肉硬脆，味甘甜，含糖16%，品质极佳。丰产，较抗病。果实在沈阳地区8月中下旬成熟。适合设施促早栽培。

(11) 醉金香 (彩图3-7、彩图3-8) 欧美杂交种，四倍体，由辽宁省园艺研究所以沈阳玫瑰 (玫瑰香四倍体枝变) ×巨峰杂交育成。

果穗圆锥形，平均穗重618克；果粒近圆形，平均粒重

11.6 克，果皮黄绿色；汁多，肉软，含糖 19%，玫瑰香味浓，口感极佳，品质极上。坐果好，丰产，抗病。在沈阳地区果实成熟是 8 月中旬。缺点是浆果易脱粒，不宜长途运输。近年，上海、浙江等地通过无核化栽培后，果粒变硬变大，脱粒现象大为减轻，成为我国南北方时尚品种。

（12）京玉（彩图 3-9） 欧亚种，二倍体。1960 年北京植物园用意大利（Italia）与葡萄园皇后（Queen of Vineyard）杂交育成。

果穗圆锥形，平均穗重 600 克；果粒椭圆形，平均粒重 6.5 克，黄绿色；皮薄肉脆，味甜，含可溶性固形物 14%，含酸量 0.53%，品质上等。较抗病，丰产。果实在沈阳地区 8 月中旬成熟。适合设施促早栽培。

（13）香妃（彩图 3-10） 欧亚种，二倍体。由北京市林果研究所用 73-7-6（玫瑰香×莎巴珍珠）×绯红（Cardinal）杂交育成，2000 年通过品种审定。

果穗短圆锥形，带副穗，平均穗重 322.5 克；果粒近圆形，平均粒重 7.58 克，大小均匀，果皮绿黄色到黄绿色，肉质硬脆，有浓郁的玫瑰香味，含糖 14.5%，总酸 0.58%，酸甜适口，品质上等。果实在沈阳地区 8 月中旬成熟。适宜设施促早栽培。

（14）早黑宝（彩图 3-11） 欧亚种，四倍体。山西省果树研究所以瑰宝为母本，早玫瑰为父本进行杂交，所得杂交种子又经秋水仙碱处理诱变选育而成，于 2001 年通过品种审定。

果穗带岐肩圆锥形，平均穗重 430 克；果粒短椭圆形，平均粒重 7.5 克，果皮紫黑色；果肉较软，多汁，可溶性固形物含量 16%，有浓郁的玫瑰香味，品质极上。在山西晋中地区浆果 7 月中旬成熟。品质好，抗病强，早熟，特别适合设施栽培。

（15）里查（扎）马特（Rizamat）（彩图 3-12） 欧亚种，二倍体。

果穗圆锥形，平均穗重 850 克，大的可达 2 500 克；果粒长椭圆形，平均粒重 10 克，大的可达 20 克左右，其纵径达 6 厘米，横径 3 厘米，成熟时由蔷薇色到鲜红色，最后紫红色，外观艳丽，非常诱人，经常作为礼品，故又称“礼品果”；果皮薄，肉质脆，含可溶性固形物 15%～17%，品质上。树势强旺，丰产，抗病性中等。在沈阳 8 月中下旬果实成熟，在干旱地区栽培表现更好。适合避雨栽培。

（16）黑色甜菜（日文ブラックビート，英文 Black Beet）（彩图 3－13） 也译作黑槌。欧美杂交种，四倍体。日本熊本县河野隆夫氏培育，亲本为藤稔与先锋，1990 年杂交，2004 年登记注册，我国 2007 年引进。

果穗大，圆锥形，重 550 克；果粒短椭圆形，一般粒重15～18 克，紫黑色，果粉厚，果肉质地中等，可溶性固形物16%～17%，品质上。抗病，丰产，易着色，成熟期比巨峰早 15～20 天。适合设施促早栽培。

（17）户太 8 号 欧美杂交种，四倍体。由西安葡萄研究所从奥林匹克（Olympic）葡萄中选出的早熟芽变品种。

果穗圆锥形带副穗，穗重 600～800 克；果粒圆形，平均粒重 10.4 克，浆果顶端紫黑色，尾端紫红色；肉质细腻，较硬，含糖量 17.3%，含酸量 0.5%，香味浓郁。抗病、丰产，从萌芽到果实成熟需 105 天左右，在西安地区 7 月中旬果实成熟。

（18）金手指（Gold Finger）（彩图 3－14） 原产日本，欧美杂交种，二倍体，1982 年杂交育成，1993 年登记注册。

果穗长圆锥形，穗重 445 克。果粒长圆筒形，前端略呈菱角形弯曲，形似人的小手指，又因果皮金黄色，故而得名。平均单粒重 7.5 克，果粉厚，果皮薄，可剥离，也可带皮吃，可溶性固形物含量 18%～23%，最高达 28.3%，有浓郁的冰糖味，品质极上。抗病、抗寒、抗涝、抗旱等性能都很强，不亚于巨峰葡萄，浆果成熟期比巨峰葡萄约晚半个月，在沈阳 9 月下旬成熟。

（19）藤稔（Fujiminori）（彩图 3－15） 欧美杂交种，四倍

体。由日本青木一直以井川682与先锋（Pione）杂交育成。1986年由辽宁省营口县农科站首次引入我国。

其植株外部形态与巨峰相似，明显区别为：巨峰叶片3～5裂，裂刻较浅；藤稔叶片5裂，极少3裂，且上裂刻深，叶片大、较粗糙、较厚、网状皱纹较明显；巨峰冬芽鳞片红色，藤稔冬芽鳞片为绿色。藤稔果粒平均重15～18克，每穗中通常可见20克以上的大果，经严格的疏穗和疏粒，并经膨大剂处理后，最大粒纵径4.33厘米、横径2.99厘米、重36克（乒乓球的直径为3.8厘米），俗称“乒乓葡萄”。树势强旺，极丰产，抗病力强，适合南北方栽培。果实在沈阳地区9月上旬成熟，比巨峰早1周左右。适合避雨栽培。

（20）香悦　欧美杂交种，四倍体，辽宁省园艺研究所培育，亲本为紫香水四倍体×沈阳玫瑰。

果穗圆锥形，穗重620克；果粒圆球形，粒重10克，果皮厚，蓝黑色；多汁，具有桂花香味，甜，含糖16%～18%，品质上。树势极强壮，极抗病，坐果率高，丰产，易着色。浆果在沈阳地区9月上中旬成熟，适合南北方栽培，是取代巨峰葡萄的理想品种之一。

（21）巨峰（Kyoho）（彩图3-16）　欧美杂交种，四倍体，日本培育，亲本是石原早生（早生康贝尔的四倍体变异）×森田尼（Centenial，Rozaki的四倍体变异），目前已成为我国南北方葡萄产区第一位的鲜食葡萄主栽品种。

果穗圆锥形，穗重500～600克；果粒短椭圆形，粒重10～11克，果皮紫黑色；多汁，有肉囊，含糖15%～17%，味酸甜，有草莓香味，品质中上等。树势强，结果早，易丰产，抗病强。浆果在沈阳地区于9月中旬成熟。

（22）巨玫瑰（彩图3-17）　欧美杂交种，四倍体，由大连农业科学研究院采用沈阳玫瑰×巨峰杂交育成。

果穗圆锥形，平均重514克；果粒短椭圆形，平均重9克，果皮紫红色；多汁，无肉囊，含糖17%～22%，具有纯正的玫瑰香味，品质极上。浆果在沈阳地区于9月中旬成熟。适合避雨栽培。

（23）紫地球（彩图3-18）　也称大紫王。欧亚种，二倍体，浙江省海盐县农业科学研究所优选，来源不详。

果穗大，圆锥形，重1 000克左右；果粒长椭圆形，重14～16克，果皮紫黑色；无肉囊，含糖15%～16%，品质上。浆果在沈阳地区于9月中旬成熟。该品种具有果穗大、粒大、丰产等特点。适合避雨栽培。

（24）红瑞宝（Benizuiho）　欧美杂交种，四倍体。原产日本，由金玫瑰与黑潮杂交培育而成，与龙宝、红伊豆、红富士为姊妹系品种。

果穗圆锥形，穗重500克；果粒椭圆形，粒重9克，粉红色至红色；肉软多汁，有草莓香味，可溶性固形物含量16%，味酸甜，品质优良。丰产，抗病。从萌芽至果实成熟约需140天，在沈阳地区果实9月中下旬成熟。

（25）先锋（Pione）（彩图3-19）　欧美杂交种，四倍体。原产日本，用巨峰与康能玫瑰（Cannon Hall Muscat）杂交育成。

果穗圆锥形，穗重400克；果粒圆形或卵圆形，粒重12克，紫黑色；果肉稍脆，果汁中多，可溶性固形物含量16%，稍有香味，味酸甜。丰产，抗病。从萌芽到果实成熟约需125天，在沈阳地区果实9月中旬成熟。适合避雨栽培。

（26）金田翡翠　亲本为凤凰51×维多利亚，金田公司2007年育成并命名，欧亚种，二倍体。

果穗圆锥形，穗重500克，果粒椭圆形，黄绿色，粒重12～15克，果肉硬脆，可溶性固形物含量18%～20%，味甜。树势中庸，丰产，抗病性较强。果实在昌黎地区9月中旬成熟，耐贮运。适合避雨栽培。

（27）状元红（彩图 3－20） 欧美杂交种，四倍体，由巨峰×瑰香怡杂交育成，2006 年辽宁省农业科学院栽培研究所经审定并命名。

果穗圆锥形，穗重 1 060 克，最大为 2 460 克。果粒长圆形，紫红色，粒重 10.7 克。果肉细，软硬适中，汁多，无肉囊，有玫瑰香味，可溶性固形物含量 16％～18％，口味香甜，品质极优。树势强壮，结果枝率 53.7％，易成花结果，丰产稳产，抗病性强于巨峰葡萄，在沈阳地区果实 9 月中旬充分成熟，为中秋节佳品。适合避雨栽培。

（28）翠峰（彩图 3－21、彩图 3－22） 欧美杂交种，四倍体，亲本为先锋×森田尼，在日本采取无核化栽培表现极好，是最受欢迎的优良葡萄新品种。

果穗经整形后呈短圆锥形，穗重 400～600 克；果粒长椭圆形，粒重 13 克，果皮薄，黄绿色或黄白色，外观美；果肉硬度中等，含糖 17％～19％，甜酸适口，风味极好，品质极佳，要比巨峰高出 1～2 个档次，属高档品种。浆果成熟期与巨峰相当。适合避雨栽培。

（29）高妻（Takatsuma） 欧美杂交种，四倍体。原产日本，亲本为先锋×森田尼。

穗重 450～600 克，粒重 14 克，大的可达 22 克，紫黑色，肉质稍硬，含糖 17％，甜，品质上。易着色，抗病性强，丰产性好，南北方均可栽培。在沈阳 9 月中旬果实成熟。

（30）信浓乐（シナノ スマイル英文 Shinano Smile）（彩图 3－23） 欧美杂交种，四倍体。原产日本，由高墨（たかつま）葡萄实生苗选出。

穗重 600 克，粒重 13 克，红色，肉质稍硬，汁多，具有草莓香味，含糖 17％～20％，味甜美，品质极佳。不裂果，不脱粒，耐贮运，非常抗病，极丰产，南北方均可栽培。浆果在沈阳 9 月中旬至 10 月上旬成熟，唯一美中不足的是着色迟缓，生产中应采取各种措施促进果实着色。

（31）夕阳红（彩图3-24） 欧美杂交种，四倍体。辽宁省园艺研究所用沈阳玫瑰与巨峰杂交育成，1993年通过品种审定。

果穗长圆锥形，穗重600克，果粒长圆形，粒重12克，果皮较厚，暗红到紫红色；果肉软，汁多，具较浓玫瑰香味，味甜，可溶性固形物16%，品质极上。在沈阳地区果实成熟期是9月中下旬。树势强，抗病，丰产，不裂果，耐运输。

（32）玫瑰香（Muscat Hamburg）（彩图3-25） 欧亚种，二倍体，原产英国。亲本是黑汉（Black Hamburg）×白玫瑰（Muscat of Alexandria），是世界著名鲜食葡萄品种。

果穗圆锥形，穗重300～500克，最大穗重达3 000克；果粒椭圆形，重5～6克，紫黑色，果粉厚；果肉较脆，有浓郁的玫瑰香味，可溶性固形物含量15%～19%，品质极上。生长势中等，丰产，抗病性中等。在沈阳地区9月中下旬浆果成熟。适合避雨栽培。

（33）牛奶（彩图3-26） 欧亚种，二倍体，来源不明，我国河北宣化地区很早就有栽培。

梢尖黄绿色，幼叶橘黄色，无绒毛；成叶近圆形，光滑无毛，5裂，上裂刻浅或中。果穗长圆锥形或分枝形，松散，穗重400～800克，最大1 500克；果粒圆柱形，粒重5～7克，最大9克，黄绿至黄白色，皮薄肉脆，含可溶性固形物15%～22%，含酸量0.25%～0.3%，味纯甜，品质极佳。树势强，抗寒抗病力差，适宜在干旱、半干旱，热量充足，土壤通透性好的生态条件下生长。在河北张家口地区9月中下旬果实成熟。

（34）意大利（Italia）（彩图3-27） 欧亚种，二倍体，原产意大利，亲本是比坎（Bican）×玫瑰香。

果穗圆锥形，平均穗重830克；果粒平均重6.8克，椭圆形，黄绿色，着生紧密，果粉中厚，果皮厚；果肉略脆，味甜，有玫瑰香味，可溶性固形物含量17%左右，品质上等。树势强壮，丰产，抗病性较强。果实耐贮运。在沈阳地区9月下旬浆果成熟。适合避雨栽培。

(35) 达米那 (Tamina) 欧亚种，二倍体，罗马尼亚1985年育成，亲本为比坎×玫瑰香，1995年由河北昌黎果树研究所引入我国。

果穗圆锥形，穗重650克，紧穗；果粒椭圆形，粒重8～10克，红色；有浓郁的玫瑰香味，含糖量16%，品质极优。丰产，较抗病，耐贮运。浆果在沈阳9月下旬成熟。

(36) 美人指 (Manicure Finger)（彩图3-28） 日本培育，欧亚种，二倍体，亲本是Unicorn×Baladi。当前在我国有两种类型：

①果粒细长椭圆形。果粒长度3.5～5.0厘米，直径不足1厘米，穗重300克；粒重8～10克，果皮黄绿色仅果顶端有少量紫红色，恰如染红指甲油的美人手指，外观极美；果肉硬脆，能切片，半透明状，能见到种子，含糖16%～19%，味甜，品质上乘。在沈阳9月下旬浆果成熟，耐贮运。

②果粒粗长圆筒形。果粒长度3～4厘米，直径1.5～2.0厘米，穗重300～500克；粒重11～12克，最大达20克，果皮鲜红至紫红色，一般为片红极少为全红，与里查马特葡萄果实相似，外观极美；肉脆能切片，味甜，含糖16%～19%，品质上乘。在沈阳9月下旬浆果成熟，耐贮运。抗病性弱，适合避雨栽培。

(37) 魏可 (Wink)（彩图3-29） 原产日本，蓓蕾玫瑰×甲斐路杂交育成，欧亚种，二倍体。

果穗圆锥形，穗重500～800克，果粒着生紧密。果粒长椭圆形，似枣果，紫红色，果粉厚，粒重8～10克。果肉硬脆，味极甜，可溶性固形物含量20%～22%，有玫瑰香味，种子与果肉易分离，树势强，易成花结果，丰产稳产。在江浙地区浆果成熟期为9月底10月初。适合避雨栽培。

(38) 金田美指（彩图3-30） 欧亚种，二倍体，由牛奶×

美人指杂交而来，金田公司 2007 年育成并命名。

果穗圆锥形，穗重 500 克左右。果粒长椭圆形，全面鲜红色，皮色一致，比美人指（片红）更加艳丽，是目前国内最漂亮的葡萄新品种。平均单粒重 8 克，大的 12 克。果肉硬脆，白色，有清香味，口感酸甜，可溶性固形物含量 19%。树势强壮，丰产，抗病性比美人指强，在昌黎地区 9 月底成熟，可在树上挂到 10 月中旬采收，品质反而变得更甜。适合避雨栽培。

（39）摩尔多瓦（Moldova）（彩图 3－31）　欧亚种，二倍体，原产于摩尔多瓦，1997 年引入我国。

果穗圆锥形，穗重 650 克；果粒短椭圆形，粒重 9 克，果皮蓝黑色，易着色，着色一致，果粉厚；果肉柔软多汁，可溶性固形物含量 16%，含酸量 0.54%，味酸甜。在河北昌黎地区果实 9 月底成熟，抗病性强，尤其高抗霜霉病，果实耐贮藏和运输。

（40）红地球（Red Globe）（彩图 3－32、彩图 3－33）　又名晚红、全球红，其商品名被称为红提葡萄。欧亚种，二倍体。美国加州大学 H. P. Olmo 教授用［$C_{12\text{-}80}$ × $S_{45\text{-}48v}$（即皇帝 × Hunisa)］ ×（$L_{12\text{-}80}$ × Nocers）多重杂交育成。1987 年沈阳农业大学从美国首次引入我国，1994 年通过品种审定。

果穗长圆锥形，穗重 800 克，大的可达 2 500 克；果粒圆形或卵圆形，粒重 12 克，大的可达 22 克，果皮中厚，由鲜红色到暗红色；果肉硬脆，能削成薄片，味甜，可溶性固形物 17%～20%，品质极佳。果粒着生极牢固，耐拉力强，不脱粒，特耐贮藏运输。树势强，极丰产。果实易着色，不裂果。抗病性弱，抗寒性差，适宜生长期 160 天以上，年降水量 400 毫米以下地区做主栽品种大面积栽培。在沈阳地区 10 月初果实成熟。从萌芽到果实完熟生长期 160 天左右，是当今世界的名牌晚熟品种。

（41）秋红（Christmas Rose）（彩图 3－34、彩图 3－35）又名圣诞玫瑰，欧亚种，二倍体。美国 H. P. Olmo 教授用

$C_{44\text{-}35c}$×9-117D杂交育成。1987年沈阳农业大学从美国引入，1995年通过品种审定。

果穗长圆形，穗重880克，最大穗重3 200克；果粒椭圆形，平均粒重7.5克，着生较紧密，果皮中等厚，深紫红色，不裂果；果肉硬脆，能削成薄片，肉质细腻，味甜，可溶性固形物17%，品质佳。果粒着生极牢固，特耐贮运。树势强，极丰产。果实易着色，不裂果，不脱粒。抗病抗寒性较弱。在沈阳地区10月中旬果实成熟，从萌芽到果实完全成熟生长期为170天左右。

（42）秋黑（Autumn Black）（彩图3-36、彩图3-37） 欧亚种，二倍体。美国H. P. Olmo教授采用Calmeria×Black Rose（黑玫瑰）杂交育成。1988年沈阳农业大学从美国引入我国，1995年通过品种审定。该品种与瑞必尔、黑大粒（Exotic）等黑色硬脆肉的葡萄，其商品名被统称为黑提葡萄。

果穗长圆锥形，穗重720克，最大穗重1 500克以上；果粒阔卵形，粒重9～10克，着生紧密，蓝黑色，果粉厚，外观极美；果肉硬脆，能削成薄片，味酸甜，可溶性固形物17%～20%，品质佳。果粒着生极牢固，极耐贮运，贮后品质更佳。

生长势很强，丰产，抗病性强于晚红和秋红。在沈阳地区10月中旬果实成熟。从萌芽到果实完熟生长期170天以上。

其他鲜食有核葡萄品种参见表3-2。

表3-2　其他鲜食有核葡萄品种

序号	品种	种群	穗重（克）	粒重（克）	果色	品质	成熟期
1	莎巴珍珠	欧亚，二倍体	250	3	黄	上	8月初（沈阳）
2	红旗特早玫瑰	欧亚，二倍体	500	7	紫红	上	8月初（沈阳）
3	90-1系	欧亚，二倍体	500	9	粉红	上	8月初（沈阳）
4	郑州早红	欧亚，二倍体	400	4	紫红	上	8月上（沈阳）

（续）

序号	品种	种群	穗重（克）	粒重（克）	果色	品质	成熟期
5	红双味	欧美，二倍体	500	6～7	紫红	上	8月上（沈阳）
6	白香蕉	欧美，二倍体	400	5～6	黄	上	9月上（沈阳）
7	吉香	欧美，四倍体	600	7～8	黄	上	9月上（沈阳）
8	早生斯丘番（Early Stuben）	欧美，二倍体	350	4～5	黑	上	8月上（沈阳）
9	早生康贝尔	欧美，二倍体	400	5～6	黑	中	8月上（沈阳）
10	康太	欧美，四倍体	550	7～8	黑	中	8月上（沈阳）
11	奈贝尔（Niabell）	欧美，四倍体	500	8～9	黑	中	9月上（沈阳）
12	沈阳玫瑰	欧亚，四倍体	560	8	紫黑	上	9月上、中（沈阳）
13	奥古斯特	欧亚，二倍体	580	8.3	紫黑	上	8月上、中（沈阳）
14	潘诺尼亚	欧亚，二倍体	700	6	黄	中	8月中（沈阳）
15	京优	欧美，四倍体	500	11	紫红	上	9月初（沈阳）
16	黑瑰香	欧美，四倍体	500	8.5	黑	上	9月初（沈阳）
17	蜜红（中国）	欧美，四倍体	500	8	红	上	9月下（沈阳）
18	黑蜜	欧美，四倍体	600	11	黑	上	9月中（沈阳）
19	皇冠	欧美，四倍体	600	11	黑	上	9月中旬（沈阳）
20	安艺皇后	欧美，四倍体	400	12	红	上	9月上（沈阳）
21	相模	欧美，四倍体	400	9	黑	中	9月上（沈阳）
22	紫珍香	欧美，四倍体	400	9	黑	中	8月中下（沈阳）
23	下村巨峰	欧美，四倍体	400	9	黑	中	8月下（沈阳）
24	红富士	欧美，四倍体	600	9	红	上	9月中下旬（沈阳）
25	红蜜（日本）	欧美，四倍体	500	12	红	上	9月中下旬（沈阳）
26	伊豆锦	欧美，四倍体	500	12	黑	上	9月中旬（沈阳）
27	高尾	欧美，染色体缺失	500	9	黑	上	9月上旬（沈阳）
28	白峰	欧美，四倍体	500	10	黄	上	9月上旬（沈阳）

（续）

序号	品种	种群	穗重（克）	粒重（克）	果色	品质	成熟期
29	黑奥林	欧美，四倍体	500	10	黑	中	9月中下旬（沈阳）
30	红义	欧美，四倍体	500	10	红	上	9月中下旬（沈阳）
31	天秀	欧美，四倍体	500	10	红	上	9月中下旬（沈阳）
32	甬优1号	欧美，四倍体	650	13	红	上	9月初（沈阳）
33	峰后	欧美，四倍体	400	12	红	上	9月中下旬（沈阳）
34	龙眼	欧亚，二倍体	800	5	红	中	9月下旬（沈阳）
35	泽香	欧亚，二倍体	450	5	黄	中	9月中旬（平度）
36	克林巴马克	欧亚，二倍体	350	6	黄	上	9月中旬（沈阳）
37	和田红	欧亚，二倍体	1 000	4	紫红	中	9月底（昌黎）
38	温宿红	欧亚，二倍体	1 500	9	粉红	上	9月中下旬（新疆）
39	木纳格	欧亚，二倍体	800	8	黄	上	9月中下旬（新疆）
40	白罗莎里奥	欧亚，二倍体	500	8	黄	上	8月末（张家港）
41	红高	欧亚，二倍体	500	8	粉红	上	10月初（沈阳）
42	红意大利	欧亚，二倍体	500	8	粉红	上	10月初（沈阳）
43	瑞必尔（Ribier）	欧亚，二倍体	500	8	黑		9月中下旬（沈阳）
44	格拉卡（Greaca）	欧亚，二倍体	700	8	黄		9月下旬（沈阳）

2. 无核葡萄品种

（1）*碧香无核*（彩图3-38） 欧亚种，二倍体。吉林农家品种，来源不详。

果穗长圆锥形，穗重500克左右，大的可达1 500克。果粒椭圆形，绿黄色，粒重3～4克（处理果可达5～6克）着生极紧密，果肉硬脆，可切片，不淌水，可溶性固形物含量20%～23%，具有浓郁的玫瑰香味，品质极佳，可用“脆、甜、香、美”来形容和定位。树势中庸，易成花结果，丰产性好，抗寒，较抗病，适应性强，易栽培，在吉林地区果实8月上旬成熟。

（2）早红无核（Suffolk Red）（彩图 3－39）　民间也称无核寒香蜜，美国培育，欧美杂交种，二倍体，亲本为 Fredonia×无核紫。1993 年由沈阳农业大学引入我国。

果穗短圆锥形，穗重 300 克；果粒圆形，着生紧密，粒重 3 克，果皮暗紫红色，经赤霉素处理后可达 5～6 克，果皮颜色变为鲜红色；甜，品质上。在沈阳地区 8 月上中旬果实成熟。非常抗病，也很抗寒。

（3）金星无核（Venus Seedless）（彩图 3－40、彩图 3－41）欧美杂交种，二倍体。原产美国，1983 年由沈阳农业大学从美国引入我国，1994 年通过辽宁省品种审定。

果穗圆柱形，紧密，平均穗重 350 克；果粒近圆形，平均粒重 4.1 克，果皮蓝黑色，果粉厚，颇美观；果肉较软，多汁，味清香，甜，可溶性固形物含量 16%。有的年份出现部分败育的种子。抗病性和抗寒性均较强，能适应高温多湿的气候。丰产性很好，不裂果，不脱粒，耐运输。在沈阳 8 月中下旬果实成熟。因无籽、汁多、丰产、味浓，既可以鲜食又适合加工饮料。

（4）着色香（彩图 3－42）　又名张旺 1 号、茉莉香等，辽宁省盐碱地改良利用研究所以玫瑰露×罗也尔玫瑰杂交育成，2009 年品种审定备案。欧美杂交种，二倍体，雌能花，鲜食和酿酒两用品种。用于鲜食栽培的需要激素膨大处理才具有商品优势。

果穗圆筒形，带副穗，穗重 300～400 克，果粒着生极紧密。果粒椭圆形，粉红色至紫红色，粒重 7 克左右（无核）。果肉无肉囊，肉软，可溶性固形物含量 18%～22%，有浓郁的茉莉香味。树势中庸，抗病性、抗寒性极强，极丰产（结果枝率 63%，在东北辽吉黑三省栽后第二年亩产 1 000～2 000 千克），果实与京亚同期成熟，为极早熟品种。适合设施促早栽培。

（5）无核早红（86－11）（彩图 3－43）　欧美杂交种，三倍体。河北昌黎果树研究所 1986 年采用郑州早红（二倍体）×巨峰（四倍体）杂交而成，1998 年通过品种审定。

果穗圆锥形，穗重190克；果粒近圆形，平均粒重1.5克，无核果占85%，具有败育瘪籽果占15%，经无核剂处理后，无核率达100%，平均粒重9～10克，果皮鲜红色；果肉脆，可溶性固形物含量14.5%，酸甜适口，品质中等。丰产，抗病。在沈阳地区果实8月上旬成熟，必须无核化栽培，特别适合促成地栽培。

(6) 夏黑（Summer Black）（彩图3-44） 欧美杂交种，三倍体。原产日本，亲本为巨峰（四倍体）×无核白（二倍体），1997年育成并进行品种登记，1998年由江苏省引入我国。

果穗圆锥形，穗重400克，紧穗；果粒椭圆形，粒重3.0～3.5克，经激素处理后可增大一倍，7～8克，紫黑色，果粉厚；肉质硬，含可溶性固形物20%～21%，有草莓香味，品质上。树势强，抗病，丰产，耐运输。果实成熟期在沈阳地区为8月中下旬，适宜设施栽培。

(7) 红光无核（Flame Seedless） 又名火焰无核，弗蕾无核，欧亚种，二倍体。原产美国，由FRESNO园艺试验站杂交选育而成，1983年由沈阳农业大学引入我国。

果穗圆锥形，穗重400克；果粒近圆形，平均粒重4克，果皮薄，鲜红色至紫红色；果肉硬脆，含糖量16%，含酸量0.5%，爽口，略有香气，在沈阳地区果实8月上中旬成熟，从萌芽到果实成熟约需115天。

(8) 无核白鸡心（Centenniall Seedless）（彩图3-45） 又称森田尼无核，其商品名称为青提葡萄。欧亚种，二倍体。原产美国，亲本为Gold ×Q_{25-6}，1983年由沈阳农业大学引入我国，1994年通过品种审定。

果穗圆锥形，平均穗重500克以上，最大1 800克；果粒长卵形，略呈鸡心形，平均粒重6克左右，经美国“奇宝”处理后果粒长达5厘米，粒重可达8～10克，果皮底色绿，成熟时呈淡黄色，极为美丽，皮薄而韧，不裂果；果肉硬而脆，略有玫瑰香味，甜，可溶性固形物含量16%，品质极上。树势强旺，丰产，较抗霜霉病。果粒耐拉力、抗压力均较强，耐运输。在沈阳8下旬果实成熟。适宜设施栽培。

（9）无核白（Thompson Seedless）（彩图3-46）　欧亚种，二倍体。原产中亚和近东一带，在我国新疆栽培已有1 700多年历史，目前在新疆吐鲁番、塔里木盆地和内蒙古乌海等地已有大面积栽培，是我国制作葡萄干著名品种，现已出现了大粒型和长穗型的变异品系。

果穗长圆锥或歧肩圆锥形，平均穗重350克；果粒椭圆形，平均粒重1.4～1.8克，黄绿色；皮薄肉脆，含可溶性固形物21%～24%，含酸量0.4%～0.8%，味甜，品质上等，出干率23%～25%。树势强，果枝率36%～47%，每果枝挂1.2穗。抗寒性和抗病性较差。在新疆吐鲁番地区，果实于8月中旬充分成熟，从萌芽到果实成熟生长日数约140天。

（10）红脸无核（Blush Seedless）（彩图3-47）　欧亚种，二倍体。原产美国，1983年沈阳农业大学引入我国，1995年通过品种审定。

果穗长圆锥形，平均穗重650克，大的可达1 500克以上；果粒椭圆形，平均粒重4克左右，果皮鲜红色；果肉硬脆，味甜，可溶性固形物含量15%～17%。不裂果，不脱粒，较耐贮运。丰产，抗病力较强。在沈阳地区5月上旬萌芽，9月中旬果实成熟，从萌芽到果实完熟生长期135天左右。

（11）红宝石无核（Ruby Seedless）　欧亚种，二倍体。原产美国，1983年由沈阳农业大学引入我国。

果穗大，长圆锥形，平均穗重1 000克；果粒短椭圆形，粒重5～6克，果皮宝石红色，通常不易达到全果面的红色，夹杂一些绿黄或绿白色；果肉硬脆，味甜，低酸，含糖量18.5%，糖酸比20∶1，品质极佳。丰产，较抗病。沈阳地区果实9月中下旬成熟，耐贮运。

（12）克瑞森无核（Crimson Seedless）（彩图3-48） 又称绯红无核，淑女红，欧亚种，二倍体。原产美国加州。由皇帝（Emperor）$\times C_{33\text{-}199}$杂交育成。1999年沈阳农业大学引入我国。

果穗圆锥形，穗重500～600克；果粒椭圆形，粒重5克，经处理可增至8～12克，红色，外观美；果肉硬脆，含糖17%～20%，甜，品质极佳。在沈阳10月上旬浆果成熟，延迟采收品质更好。不裂果，不脱粒，特耐贮运。

（13）金田皇家无核 欧亚种，二倍体，亲本为牛奶×皇家秋天，金田公司2007年育成并命名。

果穗圆锥形，带歧肩，果粒着生较紧密，穗重915克，大的1 500克。果粒长椭圆形，粒重7.4克，紫红色，无核。果皮果肉硬脆，无涩味。树势较强，丰产，在昌黎地区9月底至10月上旬果实成熟。

其他鲜食无核葡萄品种参见表3-3。

表3-3 其他鲜食无核葡萄品种

序号	品　种	种群	穗重（克）	粒重（克）	果色	品质	成熟期
1	京早晶	欧亚	450	3	黄	上	7月下（沈阳）
2	爱神玫瑰	欧亚	450	3	黑	极上	8月中（沈阳）
3	黑爱莫无核	欧亚	500	4～5	黑	上	7月下（沈阳）
4	桑姆森无核	欧亚	650	5.3	黄	上	7月下（郑州）
5	优无核	欧亚	600	6～7	黄	上	8月下（沈阳）
6	无核紫	欧亚	500	2.8	紫黑	上	8月下（沈阳）
7	秋皇家无核	欧亚	600	8～10	黑	中	10月上（沈阳）
8	夏皇家无核	欧亚	500	7	黑	上	9月中（沈阳）
9	莫利莎无核	欧亚	500	6	黄	上	9月中（沈阳）

（续）

序号	品　种	种群	穗重（克）	粒重（克）	果色	品质	成熟期
10	秋无核	欧亚	650	6～7	黄	上	9月下（沈阳）
11	奇妙无核	欧亚	500	6～7	蓝黑	上	8月中旬（沈阳）
12	无核奥迪亚	欧亚	400	4～5	黑	上	7月下（沈阳）
13	布朗无核	欧美	550	3.5	红	中	8月中（沈阳）
14	希姆无核	欧美	400	3	黄	上	7月下（沈阳）

第四章 葡萄苗木生产

一、葡萄嫁接繁殖的重要性

1. 葡萄的繁殖方法 葡萄繁殖有播种、扦插、压条、组织培养和嫁接等方法。播种繁殖不能完整保证原品种特性，变异大，只有在育种时应用；其他方法能够保持原品种特性，得到不同程度的应用，其中组织培养繁殖方法在实验室搞脱毒研究时应用较多，压条繁殖数量有限，生产应用较少，扦插及嫁接繁殖方法简便易行，应用广泛。

扦插繁殖方法，材料是当年生充分木质化的枝条，取材广泛，操作容易，所形成的苗木称自根苗或扦插苗。从世界范围看，在葡萄根瘤蚜发生（1854 年）前，葡萄扦插繁殖为最流行的繁殖方法，自根苗被广泛应用；葡萄根瘤蚜发生后，不得不采用抗性砧木，推广嫁接栽培以避免根瘤蚜危害，扦插只是整个嫁接育苗过程中繁殖砧木或砧木及接穗嫁接体（参见下文）的手段。目前仅有部分没有发生根瘤蚜危害的国家或地区，仍然沿用传统的扦插繁殖方法，但时刻受到根瘤蚜威胁，推广嫁接栽培是大势所趋。

嫁接是把植物的一部分器官（如枝、芽）移植到另一个植物体上，使两者愈合生长在一起成为一个新个体。嫁接口以下的部分称为砧木，嫁接在砧木上的枝、芽称接穗或接芽。葡萄嫁接苗是由砧木和接穗组建的共同体，是典型的无性繁殖。无性繁殖，也称“克隆（clone)”，能保持母体的所有特性，因此被生产广泛采用。

2. 嫁接在葡萄栽培中的作用　嫁接繁殖是葡萄生产中必不可少的技术措施。生产实践证明葡萄栽培品种自根苗（扦插、压条）已暴露出它的局限性。如当年生长量小，栽后第二年花序少，产量低；对抗病虫、抗寒、耐涝、抗旱等方面也表现出很多的不适应。因此越来越不受生产者的欢迎，而葡萄嫁接苗的优越性，却越来越受到生产者的青睐，其作用阐述如下：

（1）*能保持原品种的特征特性*　嫁接繁殖所采用的砧木和接穗的枝芽，都是原品种的营养器官，嫁接成活过程仅仅是砧穗嫁接口体细胞双方形成层产生愈伤组织，接穗与砧木的细胞或组织没有改变各自的基因，从而能长久保持原有品种的固有性状。

（2）*能提高葡萄植株的抗逆性*　采用具有不同抗性（抗虫害、抗病害、抗寒、抗旱、抗涝、抗盐碱、抗石灰质土壤等）的葡萄砧木进行嫁接栽培，可以避免根系的某些病虫危害，尤其是毁灭性的根瘤蚜及线虫的威胁；提高根系抗冻害、抗干旱、抗水湿等能力，增强根系对盐碱、石灰质土壤的适应性；使原本因自然气候条件不良，葡萄生长发育困难的地区，通过抗性砧木的诱导使葡萄发育正常，从而提高了土地利用率，扩大了葡萄种植区域。

（3）*能抑制或促进葡萄植株的生长*　通过科学选配葡萄穗/砧优良组合，控制生长势过强或促进生长势过弱的接穗品种达到均衡生长，从而达到早果、优质、丰产的目的。

（4）*能快速实现品种更新换代、老园更新*　随着科技发展和对外改革开放的步伐加速，国内外葡萄新品种层出不穷，采取枝、芽嫁接方法可在短期内繁育出大量的优质苗木，提高新品种的繁殖系数，满足市场需求；同时通过枝、芽嫁接能有效地对老品种园进行高接换头以去劣换优，达到在短期内更新品种的目的。

3. 嫁接方法

（1）硬枝嫁接　葡萄硬枝嫁接是采用砧木和品种接穗的一年生成熟枝条作嫁接材料，可在冬季室内进行机械嫁接或人工刀具嫁接的一种育苗方法。嫁接时间长，受季节约束差，标准化程度高，劳动强度低，生产效率高。

目前，国外广泛采用机器硬枝嫁接育苗，我国也在引进与同化。

（2）绿枝嫁接（彩图 4-1）　葡萄绿枝嫁接育苗是采用砧木和接穗的当年半木质化新梢作嫁接材料，进行夏季人工田间嫁接繁殖苗木的方法，30～40 年前起源于我国东北沈阳的葡萄绿枝嫁接育苗技术，目前已在我国陆续推广。该嫁接方法不必应用复杂的设备与设施，适合我国经济发展处于初级阶段的生产力水平；但嫁接时间集中，受季节约束，标准化程度低，劳动强度大，生产效率较低。

4. 设施育苗（彩图 4-2）**的优越性**

（1）延长生育期提高苗木质量　设施能够延长葡萄苗木的生育期，绿枝嫁接可提早进行、硬枝嫁接苗可提早生长发育，进而提高苗木质量。以沈阳地区育苗为例，大棚物候期可延长 40～60 天，绿枝嫁接时间可提早 10～20 天，秋季可延后 20～30 天，对苗木发育非常有利。

（2）防灾减灾　设施可抵御暴雨、冰雹等自然灾害，降低病害的发生几率；也可避免除草剂 2，4-滴丁酯污染等人为危害，确保苗木安全生产。

（3）提高生产效率　设施育苗，扦插及嫁接成活率显著提高，由于没有自然灾害与人为危害的发生，保存率高，还由于生育期延长，苗木发育的好，成品苗比例提高。笔者 2009 年通过对沈阳地区露地与大棚绿枝嫁接育苗调查，露地每亩产苗量在 4 000～5 000 株（彩图 4-3），而大棚每亩产苗量可达 8 000 株，苗木生产效率大大提高。

设施育苗病害发生率低，减少打药次数，节约农药，减少劳动力用工，降低生产投资；设施环境还易于土壤保湿，减少灌溉次数，在节约水资源的同时，也减少劳动力投入，降低生产成本，达到提高生产效率的目的。

二、我国常用葡萄砧木与生产

1. 我国常用葡萄砧木与特性　葡萄砧木主要来源于美洲种群，根据葡萄生产需要直接从野生葡萄中筛选或进行种间杂交选育产生，所有葡萄生产先进国家几乎全部采用适应性很强的砧木嫁接苗定植建园。我国葡萄砧木品种选育工作开展较晚，调查研究做得很少，大量葡萄野生资源没有得到开发利用。同时由于缺乏对当地气候、土壤、生物具有特殊抗性的葡萄砧木资源的研究和利用，在我国葡萄产业化过程中必须加大对砧木的研究，推广抗性砧木嫁接育苗。

下面介绍几个目前我国常用或者有希望大量应用的砧木品种：

（1）贝达（Beta）（彩图 4－4）　1881 年美国葡萄育种家 Louis Suelter 以 Carver（河岸葡萄）和 Concord（美洲葡萄）杂交育成。枝条扦插易生根，根系发达，嫁接亲和力强，成活率极高。生长势旺，抗旱、抗湿能力强。抗病性很强，并且抗根癌病。抗寒性强，枝蔓可耐－30℃低温，根系可耐－12℃低温。是我国北方寒冷地区比较理想的抗寒砧木。同时由于根系发达，抗旱、抗湿、抗病，也是我国西北和南方地区的通用砧木。

（2）SO4（彩图 4－5）　SO4 是 Selection Oppenheim No. 4 品种的英文缩写。原产德国，是冬葡萄与河岸葡萄的杂交后代。抗根瘤蚜，抗根结线虫，高抗根癌病。耐石灰质土壤，抗湿，抗盐性好，基本上杜绝葡萄叶片黄化症。枝条扦插易生根，繁殖容易。根系发达，生长势强旺。抗寒性较强，根系可耐－9℃低温，在沈阳地区露地可以越冬。嫁接亲和力良好，生长迅速，有利于早期结果、早期丰产。适宜嫁接生长势中庸偏弱的品种。

(3) 5BB (彩图 4-6)　原产法国。极抗根瘤蚜，抗根结线虫。耐旱和耐石灰质土壤能力很强。枝条扦插易生根，根细且分布浅。嫁接亲和力强，田间嫁接成活率高，嫁接植株生长旺盛，进入结果期早，早期丰产，果实成熟也早，品质也好。有报道上海等南方地区嫁接藤稔、先锋表现很好。

2. 葡萄砧木生产　葡萄砧木生产任务是每年生产大量的一年生枝条，供苗圃硬枝嫁接作砧条或绿枝嫁接作砧木插穗。砧木品种的选择主要根据当地危害葡萄的根瘤蚜及线虫情况、土壤条件、气候条件和主要发展品种等对砧木的亲和力而定。在我国，嫁接栽培正处于起步时期，砧木处于零散的小规模生产阶段，据其生产方法可分成永久性建园生产和临时性生产两种。

(1) 永久性砧木生产　国内一般采用永久的篱架（彩图 4-7）或小棚架（彩图 4-8）栽培砧木。

采用无主干一年一平茬制管理。株行距是 0.3～1.0 米×2～4 米，砧木条粗壮、笔直且长。

如以砧木贝达生产为例，一般亩产贝达条 300 千克～400 千克，其中条材粗度 20%～30%大于 7 毫米，60%～70%在 3～7 毫米，20%以下小于 3 毫米。多年生产实践证明，这样生产的贝达条材（规格在 3～7 毫米），大部分适合硬枝嫁接，且扦插生根效果好，成活率高。还有该规格砧木条材单位产条率高，每千克可剪出硬枝嫁接条 80～100 个，绿枝插穗 150～200 个，砧木生产效率高。

(2) 临时性砧木生产（彩图 4-9）　作法是当年春季扦插砧木插穗（详见下文“绿枝嫁接砧木的准备”），密度比常规绿枝嫁接育苗可以小一些，常用株距 20 厘米左右，行距 50～60 厘米。适时搭临时架，使砧木有序生长，充分利用光照，确保砧木质量与产量。秋季落叶后采收砧木条材，通常每亩产砧木条 150～200 千克，规格一般在 3～4 毫米。这样生产的条材粗细均匀适度，节间短，芽眼饱满，成熟度高，质量最好，扦插极易生根，成活率高。该方法生产的砧木条材出穗率高，每千克可剪插条200～250个，是绿枝嫁接育苗砧木的重要来源。

砧木条材收获后留下的根砧称作“坐地砧”（彩图4-10），在土壤封冻以前做简易防寒或灌水，次年在此砧木上嫁接，形成的苗称“坐地苗”。“坐地苗”粗壮，根系庞大，质量好。

（3）*砧木收集与贮存*　秋季砧木叶片自然脱落后，一周后开展收集工作，保证营养充分回流。一年生成熟枝条应具有本品种固有色泽，硬枝嫁接砧木粗度要求5～10毫米，绿枝嫁接砧木粗度可以降到3毫米，节间长度6～12厘米，芽眼饱满、节间隔膜坚韧、横截面近圆形、髓心较小、皮层鲜绿、含水量正常、木质化程度高、无检疫对象（图4-1）。

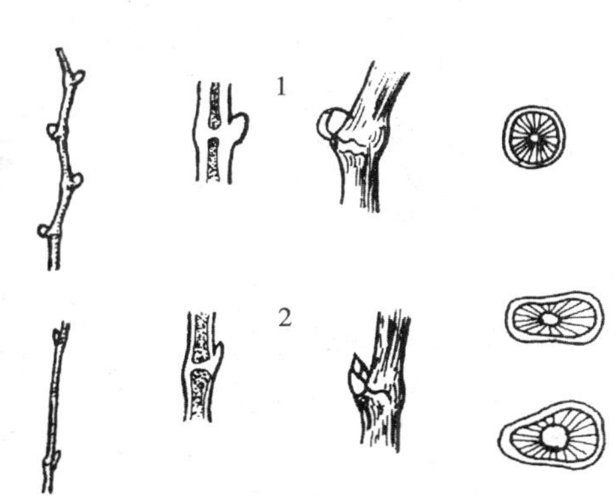

图4-1　葡萄（砧木）枝条质量优劣
1. 质量优良的枝条　2. 质量低劣的枝条

枝条的剪留长度一般1米左右，俗称米条。50～100根左右打捆，为了防止枝条在贮藏及运输过程中散落，应捆两道，扎结绳应结实耐用。根据砧木品种的不同，应在采集后随时标定，避免混杂。收集好的砧木贮藏在库内或埋沙保湿。

在国外，有专业场圃规模化、产业化从事砧木生产，每年将砧木销往本国及世界各地；在法国，为了避免枝条传播病虫害，枝条需在49℃热水中浸40分钟，进行消毒后才贮藏或销售。

葡萄品种接穗枝条的收集地点在良种圃或管理良好的生产园，采集与贮藏等方法同砧木。

三、葡萄硬枝嫁接苗生产技术

国外葡萄育苗，一般采用机器硬枝嫁接育苗，我国目前还以绿枝嫁接育苗为主，但各种硬枝嫁接方法正在探索。

1. 砧木和接穗的准备

（1）短截　硬枝机器嫁接砧木要求长度22～30厘米，必须一致，一般3～4个芽，粗度5～10毫米；硬枝刀具嫁接用砧木的长度15厘米左右，1～3个芽，粗度大于4毫米，剪截时上部距顶芽4～5厘米，下部最好距芽2～3厘米，下部略有随意性；接穗长度要求5～6厘米，芽上留1厘米，芽下留4～5厘米，如图4-2。

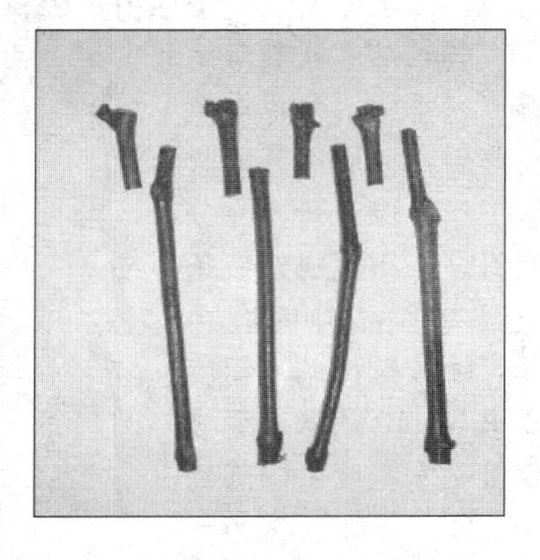

图4-2　砧木与接穗枝条剪截

（2）除芽　砧木上所有芽眼应彻底清除，避免田间萌发，否则将影响成活率或增加田间除萌用工量。为了便于下一步操作，除芽后每100～200根打成一捆。

（3）浸泡　为了防止病虫传播，需对砧木及接穗进行浸泡消毒。作法是以5%硫酸铜溶液（或其他杀菌剂）浸泡24个小时，取出晾至表面无水渍后嫁接。

2. 物料准备

（1）嫁接机　分手持式、脚踏式（彩图4-11）和电动式等多种类型，不同类型的嫁接机构造各异，但都可以使用同一规格不同几何图形的切削刀具，如欧米卡形（Ω）、倒梯形等，用于切削砧木和接穗的嫁接口。目前各国比较常用的为脚踏式欧米卡接口嫁接机，其中也分成两种类型，一种是嫁接过程中接穗与砧木同时切割与组装，另一种是接穗与砧木分别切割然后再组装。

（2）接蜡　专用于葡萄硬枝嫁接封闭嫁接口的石蜡。我国目前没有生产。所用蜡具有如下特点：①附着性良好，但不粘连；②韧性及弹性良好；③烈日下不易熔化。

（3）浸蜡箱　国外专业生产，可控恒温，自动调节。

（4）愈合箱　主要用于盛装接条入库进行愈合处理，以价廉、轻便、耐用的无毒硬质塑料箱最适，如图 4－3。但许多国家还在沿用木箱。

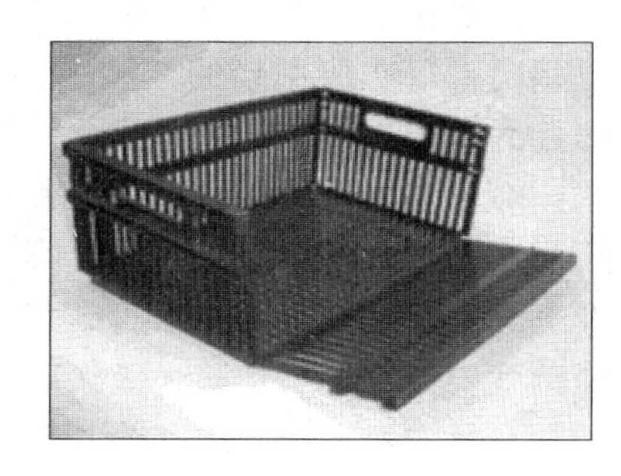

图 4－3　葡萄嫁接愈合箱

（5）剪截机　有手持剪枝剪和脚踏裁剪刀两种类型，用于剪截砧木和接穗，有的也可用于除芽。

（6）嫁接塑料　近年国外也有用塑料包扎封闭嫁接口的，塑料厚度 0.02 毫米左右；使用塑料封闭嫁接口，节省了封蜡程序，也许是新趋势。

3. 硬枝机械嫁接技术

（1）嫁接　机械嫁接无论采用哪种类型嫁接机，都同样利用机器上的刀具把砧木枝条的上端和接穗枝条的下端分别切削出 1 个方向相反的 Ω 形或倒梯形的接口，再将二者 Ω 形或倒梯形接口镶嵌铆合在一起形成嫁接后的接条（图 4－4）。国外嫁接速度为 600～700 株/小时，操作简便，工效很高。

操作要求：①砧木、接穗粗度要一致；②嫁接口结合紧密；

③形成的嫁接条长度必须一致。

嫁接过程中，为防止砧、穗失水，需放置在保湿器具中待嫁接用。如果有两个或两个以上砧木或接穗品种在嫁接，应严格标定，防止混杂。

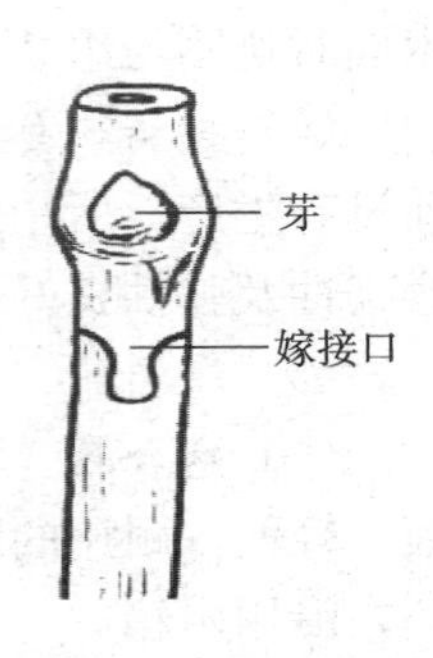

图 4-4 欧米卡形（Ω）嫁接

（2）封蜡　封蜡目的：①使砧木接穗形成一体；②密封嫁接口，防止失水及病原菌侵入。

浸蜡通常需要 2 次，根据作用及枝条发育状况，每次所用蜡的剂型不同。第一次在嫁接后愈合处理前，目的为了固定封闭嫁接口，并防止接口失水，蜡中含有杀菌剂和生长素，熔点高；第二次在愈合处理后，田间或温室内扦插前，作用同第一次浸蜡，因为愈伤组织的形成及部分萌芽，导致第一次封蜡部分劈裂，需要重新封闭，这次封蜡温度要低于上次，防止烫伤新生组织。

浸蜡时蜡温控制在 80～85℃，或稍低，温度高，容易烫伤组织，温度低，蜡膜厚，易脆裂脱落。注意防止各嫁接体相互粘连和烫伤植株个体。浸蜡后，要迅速蘸水降温，水温 15～20℃。蘸水后，要对嫁接体捆绑，20～30 根/捆，并置于低温环境临时保湿贮藏。

实际上，国外部分国家在苗木收获后入库前，对苗木嫁接口以上部分还进行一次浸蜡（第三次浸蜡），防止苗木在贮运及栽植后萌芽前时失水。

（3）愈伤　接条的接口愈合必须在恒定的温、湿度条件下才能产生愈伤组织和形成不定根，一般要有专用的处理库房，设有空调设备，以调节温度、湿度和通风等。

愈伤目的是让嫁接口及接条基部迅速生成愈伤组织，同时也要避免嫁接体发芽及发根过长。愈伤基质是河沙、锯末、蛭石等，在温度 25～30℃，湿度 80%～90%情况下，需 10～15 天完成愈伤；温度调控办法是，前3～5天调至25～30℃，以后调至20℃左右，愈伤组织形成后温度降到15℃左右，并使芽逐渐见光以绿化锻炼。温度过高时愈伤组织形成快，体积大而不匀，不充实，成活率低，应避免。

（4）接条挑选　愈伤好的嫁接条基部及嫁接口部位都应形成完好愈伤组织，接穗芽眼刚萌芽。实际操作时，砧木往往比较容易形成愈伤组织，而接穗部分形成的缓慢，值得注意。

接条挑选过程中，若嫁接条上附着的基质多，遮挡视线，应在保湿避阴的环境下，用清水迅速冲洗，以提高分辨率，国外嫁接理想的合格率达70％以上。

合格的嫁接条经过愈伤后，有时接穗萌芽很长，封蜡时易烫伤，需留1厘米，长出部分剪掉后再封蜡处理，以利诱导副芽在田间萌发。

为了便于运输及田间扦插，需要对嫁接条再捆绑，50～100根/捆合适。若不能随时扦插，合格的嫁接条应低温保湿贮藏。

为提高成活率，在封蜡、愈伤、选条、捆绑、贮藏、运输等环节操作中，要在“轻拿轻放”的原则下进行，杜绝嫁接口机械性人为损伤。

（5）接条栽植技术　一般有2条路径。国外比较常用一条路径是温室生产绿苗，要求温室具有自动控制温湿度的条件；即将接条栽植营养钵内，通过一段生长发育后，随时出售营养钵嫁接绿苗（彩图4－12）。另一条路径是将接条直接栽植或扦插（彩图4－13）在露地苗圃，经过一个生长季节的管理后，秋季起苗待售，这个路径与我国目前葡萄绿枝嫁接育苗方法有很大的相似之处，适合现阶段采用。

4. 硬枝刀具嫁接技术　硬枝刀具嫁接材料（砧木和接穗）的准备、接条愈合处理以及接条扦插或栽植技术等与硬枝机械嫁接技术相同。使用的刀具是普通的果树切接刀，嫁接方法主要有劈接和舌接。

（1）劈接法　选取粗度相当的砧木和接穗条子，将砧木上所有芽眼削去，在横切面中心线垂直劈开一条深度3～4厘米的劈口；再在接穗芽下左右两面向下斜切3厘米左右等长的两个长削面，呈楔形，随即插入砧木劈口，对准双方一侧的形成层，并用薄膜塑料条把接口包扎严实（图4-5）。

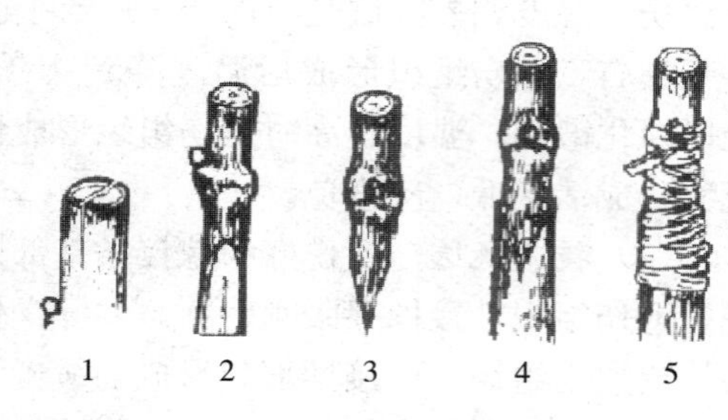

图4-5　硬枝刀具嫁接劈接法
1. 砧木切口　2、3. 接穗切法
4. 嫁接　5. 接口绑扎

（2）舌接法　选取粗度大致相等（直径4～10毫米）的砧木和接穗条子，在砧木顶端一侧由上向中心斜切长约2厘米的削面，再从顶端中心处垂直下切，与第一刀削面底部相接，切下一个三角形木片，出现第一个“舌头”；然后顺砧木顶端的另一侧由下向中心处斜切一个与前一削面相平行的削面，切下另一个三角形木片，出现第二个“舌头”，完成了砧木的“舌”形切口。再在接穗下端采取与砧木相同的切削方法完成同样大小的“舌”形切口，并将砧木和接穗两者的“舌”形切口相互套接，并对准双方形成层，上下挤紧后，舌接法即完成（图4-6）。

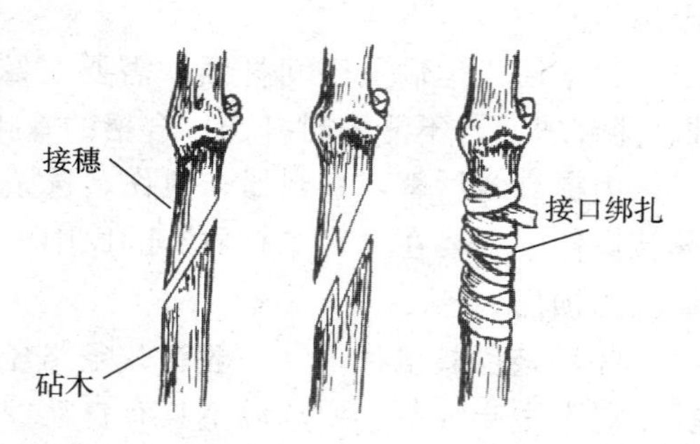

图4-6　硬枝刀具嫁接舌接法

劈接与舌接形成的嫁接体的封蜡、愈伤及接条栽植技术同机器硬枝嫁接。

机器嫁接是国外葡萄苗木繁育的通用技术，机械化作业，效率高，可大批量生产，苗木规格整齐一致。国内部分专业场圃或科研单位，已经引进国外机器嫁接设备与技术，开始同化及推广工作。手工刀具硬枝嫁接在我国吉林和辽宁已经有30多年的历史，最近几年，宁夏和新疆的鲜食葡萄和酒用葡萄也开始采用此法生产苗木。

四、葡萄绿枝嫁接育苗

1. 砧木和接穗的准备

(1) 砧木准备

①砧木的挑选与剪条。砧木的挑选标准可参考硬枝嫁接，但粗度可以细一些。目前我国大力推广绿枝嫁接，主要使用砧木粗度3～7毫米的条材，剪条长度要求15～18厘米，即2～3个芽，节间短的通常3个芽，下剪口距基芽近一些，节间长的通常2个芽，下剪口距基芽相对远一些，一般剪口距基芽2～3厘米，距顶芽1.0～1.5厘米，下剪口斜剪，上剪口平剪（图4-7）。

剪完的砧木插条应按长短和粗细分别进行捆绑，捆1～2道，一般每捆100～200根，基部对齐，有利于催根等处理。

图4-7　葡萄绿枝嫁接砧木条剪法

当砧木量大时，要对剪完的砧木进行简易贮藏。一种简便的贮藏办法是把枝条埋到湿沙中，如果贮藏时间长，防止沙内温度升高，应在沙上加覆盖物。最好把插条放在低温地窖内裸露存放，其上覆盖湿麻袋片或湿草袋片，期间湿度小时，可适度喷水，提高湿度，一般可贮10～20天。生产中提倡集中剪条，尽快催根，减少枝条贮藏时间。

②砧木的催根处理。砧木在催根以前要对插条进行清水浸泡，浸泡时间以12～24小时为宜。然后通过药剂或加热处理进行催根。

应用植物生长调节剂催根的药剂有吲哚乙酸、吲哚丁酸、萘乙酸等。其处理方法是先把插条基部3～4厘米浸在25～100毫克/千克的上述药剂的稀溶液中12～24小时，或用上述药剂2 000～5 000毫克/千克的50%酒精溶液速浸3～5秒钟，都能有效地促进枝条生根。采用中国林业科学院研制的“ABT”生根粉100～300毫克/千克稀溶液浸葡萄插条基部4～6小时，促进生根效果也很好。

电热温床催根是目前常用的催根方法。整个系统由电热线、自动控温仪、感温头及电源配套组成（彩图4-14），安装方法详见说明书。每条DV20608号线，长80～100米，功率600W，4～5厘米的线距，可布成3.5～5米^{2}的床面。可供2万～4万根插条催根。床上所能容纳插条的数量取决于插条粗度和摆放的紧密度，成捆放置比单根放置容量大。

催根地点可选在室内（含苗木贮藏库内）或室外，相对而言，室内催根容易控制空气湿度，同时温度不受外界环境影响。室外催根，通常用地下式床，保温效果好。具体做法是在地面挖深为40～50厘米，宽1.5～2.0米，长2.0米以上的沟槽。床内铺厚度达5～10厘米的稻草帘，防止散热及促进渗水，草帘上铺5厘米厚的湿沙后整平。在床的两头和中间每相距2～3米各横放一根长1.5～2.0米、宽5厘米的木方（数量大中间放），在木方上要每间隔4～5厘米均匀钉一6厘米铁钉，然后把木方在地下固定牢，以备在铁钉上挂电热线（图4-8）。电热线顺着温床纵向拉直，在木方上同距离铁钉一侧来回布线，至整条电热线布完，两端都要留出接线头。

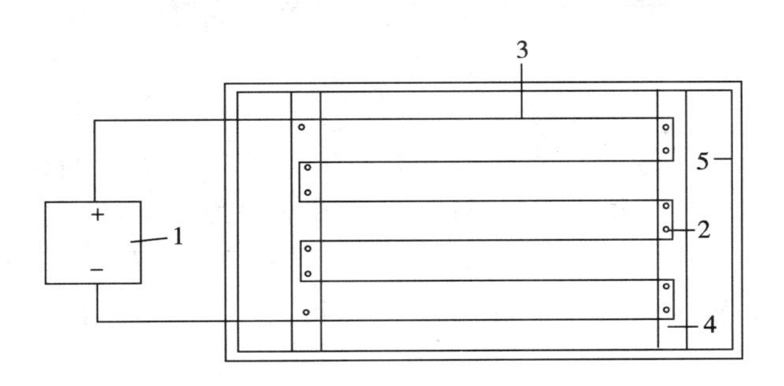

图 4-8　葡萄催根电热线的布置方法

1. 控温仪　2. 铁钉　3. 地热线　4. 木方　5. 催根床外框

布好电热线后，铺 5 厘米左右的湿沙，然后摆放经过药剂催根剂处理的插条，成捆或单根放置均可。对插条要求直立摆放，基部平齐，中间空隙用湿沙充满，保证插条基部湿润不风干。填充物也可用湿锯末。

插条在床上摆放好后，将电热线两端接在控温仪上，感温头插在床内，深达插条基部，然后通电。由于有的控温仪误差较大，为了万无一失，应使用温度计校正，即随放置感温头，按照同样的深度，放置 1～2 只温度计，观察温度计显示的温度与控温仪温度是否一致，不一致应适当调节。催根温度控制在 25～28℃，一般经 11～14 天，插条基部产生愈伤组织，发出小白根。实际上催根过程温度控制的前 2～3 天，温度可调到 30℃左右，促进温床全面升温，因为此时插条及沙床温度很低，温度提升上来需要大量热能。催根后期应逐渐降温，并于扦插前 2～3 天断电，达到锻炼插条的目的。

催根过程中，应注意插条基部沙的湿度，要小水勤浇。床上应注意遮光，防止床表面温度升高，芽眼先萌发，影响插条扦插成活率。

③整地覆膜。葡萄育苗应选择地势平坦，土壤肥沃无病虫害的沙质壤土，具备灌溉条件，交通方便。实践表明在沙质壤

土育苗，苗木根系数量多，枝条成熟好，病害轻，出优质苗比率高。

早春整地前每亩施腐熟的有机肥 3～4 米^3，均匀散在地表，有条件的地方可再施部分有机复合肥，然后全面旋地，旋地要求尽量深、匀，没有漏旋，保证土壤细碎不结块。再通过畦作或垄作的方式，畦宽 0.8～1.0 米，高 10 厘米；垄宽 0.6 米，然后覆膜。地膜覆盖可使地温提高，减少土壤水分蒸发，保墒效果好。

地膜覆盖育苗，缩短了插条发芽与发根的时间，前期有利于发根，提高成活率，后期有利于苗木生长。在北方生育期短的地方，采用地膜覆盖育苗延长了生长期，提高了苗木质量。在沈阳 4 月中上旬就可扦插，比露地提早 20 余天。在干旱地区，也因保墒好，苗木成活率高。

地膜的种类可依据色泽分成无色膜（白膜）和有色膜［黑膜或银膜（0.02 毫米厚度）］。黑膜在葡萄育苗中的应用取得极好的效果。黑膜最主要的作用是除草，其除草原理是黑膜不透光，草种在不见光的条件下不萌发，另外萌发的部分草芽在无光或弱光条件下，伴随高温很快枯死；不用人工除草，减少了劳动力投资；另外黑膜同其他膜一样，具有保湿提高地温的作用，对苗木生长发育，提高苗木质量有积极意义。

地膜覆盖育苗在扦插前要在膜上按株距要求打孔。垄作方式，株距 8～10 厘米，每亩可插条 7 000～10 000 株。可用简易打孔器打孔（图 4－9），孔距根据实际需求设计。

④扦插（彩图 4－15）。当 10 厘米深的地温稳定在 10℃时，即可扦插，沈阳地区是 4 月上旬，南方可适当提早。扦插要根据孔距进行，长条倾斜扦插，短条垂直扦插，芽眼朝南向最佳，深度以芽眼距地膜 1 厘米左右为宜。扦插后立即灌一次透水。

⑤砧木管理。扦插成活后有时会萌发多个芽，应尽早选留一个壮梢生长，以避免营养浪费。生产中为了提高砧木的生长量，

一方面通过催根和提早扦插来实现，不仅提高成活率，也延长苗木生长时间；另一方面在生长前期，即砧木高度达到3～4个叶片时始喷施尿素等叶面肥以促进苗木生长。

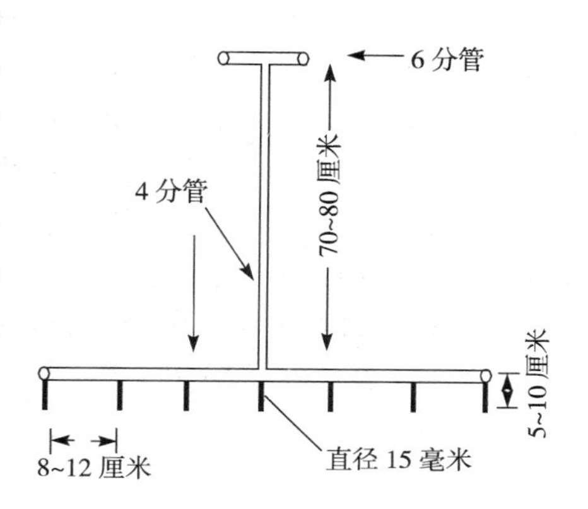

图4-9　葡萄砧木扦插打孔器

嫁接前2～4天，要对新梢摘心，摘心高度距地面30～35厘米，并将下部3～4个叶腋内萌发的副梢一次性除掉，以便嫁接操作及提高嫁接成活率。嫁接口处距地面25厘米左右，嫁接口距地面低，一者砧木保留叶片少，光合营养不足，成活率低，再者生产出的苗木不符合苗木质量标准，在栽培中接穗容易生根演变为自根苗，失去砧木的作用，失去嫁接的意义。嫁接时砧木嫁接部位直径应大于0.3厘米，在小于0.3厘米，不便于操作，成活率低。因此培育葡萄绿枝嫁接苗时，前期加强对砧木管理，增加砧木粗度是必要的。

绿枝砧木苗有两种，一是当年扦插的带绿叶的砧木苗，二是去年留圃平茬后生长的带绿叶的二年生砧木苗，即“坐地苗”，也于嫁接前几天摘心，促进其嫁接时达到半木质化程度。

⑥灌水。嫁接前应对砧木灌一次透水，沙质壤土前一天灌水，第二天嫁接；黏质土壤应提前2～3天灌水，防止嫁接时土壤黏重，影响工人操作。灌水可以提高土壤湿度，增加砧木活性，有利于嫁接苗伤口愈合，提高嫁接成活率。

（2）接穗准备　绿枝接穗最好采自品种母本园，也可采自生产园。选择无病虫危害、生长健壮的结果树上当年新梢或副梢，粗度3～7毫米，节间长度4～12厘米，采集后立即剪去叶片仅留下半截叶柄，并迅速投入盛有水的桶里，以防接穗失水。然后根据苗圃距离远近酌情包装运输，4 小时内可到达的，可用湿毛巾简单包装；半天以上时间才能到达的，应采用大型泡沫塑料箱，箱内侧铺上浸湿的毛巾或布单，然后放入接穗条子，中间放若干预先冷冻成冰的矿泉水，装满后盖严，确保密封绝热，保持接穗在 5～8℃条件下运输。

2. 嫁接工具和物料 葡萄绿枝嫁接主要使用果树剪、嫁接刀、包扎膜、盛芽盆、湿毛巾等工具和物料。值得注意的是嫁接刀和包扎膜的选用得当与否，直接影响到嫁接速度、质量和成活率。

（1）*嫁接刀* 目前我国绿枝嫁接刀具还没有定型产品，主要使用其他改造刀具，大致有如下几种类型：

①刮脸刀片。民用刮脸刀片或相似工业用刀片都可以选用，使用前需要对刀片进行改造。改造方法为：首先将刀片从中间一分为二，每片独立使用，然后将刀片一端用胶布等包扎，便于手握也可防止伤手，如图 4－10。使用过程中，即可以切削接穗，又可以切割砧木、劈砧木，由同一个刀片完成 3 个程序，一个熟练的嫁接技术工人每天（10 个小时左右）可以嫁接1 200余株。

优点：刀片锋利，价格低廉，磨损后随时淘汰，熟练的嫁接技术工每人每天 1～2 片足够用。嫁接速度快，效率高。

缺点：刀片小，手握不方便，同时刀片软，切削接穗要求技术较高，需要 10 天左右的培训或练习操作。还有嫁接中切削硬（木质化程度高）的接穗困难。

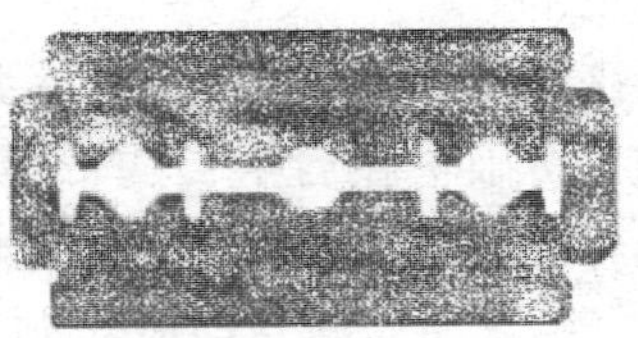

普通刮脸刀片

改装后的嫁接刀

图 4－10 葡萄绿枝嫁接刮脸刀片改造法

②医用手术刀片。通常选择

最大号的手术刀片，再制作一个手柄便于手握。使用过程中，同刮脸刀片一样，同时用于切削接穗、切割砧木和劈砧木。嫁接速度与刮脸刀片相当。

优点：刀片锋利，用钝后可磨锋利再用，节省刀片，另外手术刀片切削接穗容易操作，技术性不强，随时可以学会。还有一个重要的优点是手术刀片切削硬的接穗容易。目前应用越来越多。

缺点：手术刀片是双面刀刃，有一定的厚度，用于割砧木会出现横切面不平，劈砧木两侧不对称，因此嫁接过程中需要两种刀片轮换使用。通常一个熟练嫁接技术工人每天（10 个小时左右）可以嫁接 800 株左右。

③钢锯条磨制刀。钢锯条需要新的。改造方法为：先截取长 12～15 厘米的钢锯条，磨制成单面刃刀具，一端用医用胶布包扎以便手握，如图 4－11。主要用于切削接穗，再准备一片刮脸刀片切割砧木和劈砧木。

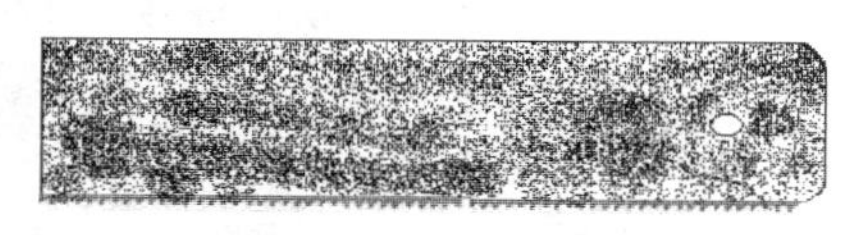

一段钢锯条

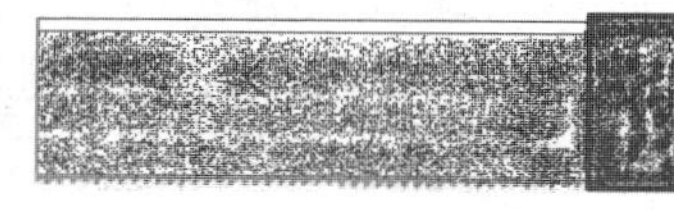

改造后的嫁接刀

图 4－11　葡萄绿枝嫁接钢锯条改造法

优点：刀片锋利，用钝后可磨锋利再用，节省刀片，另外切削接穗容易操作，技术性不强，随时可以学会。

缺点：嫁接速度较慢。

为了提高钢锯条改造嫁接刀具的操作速度，参照刮脸刀改造绿枝嫁接刀具的应用原理，也可先以将钢锯条进一步磨薄，然后再磨制成双面刃的绿枝嫁接刀具，嫁接速度可得到提高，这样的刀具也可长期反复使用，缺点是磨制费时，要小心操作，防止折断刀具。

（2）包扎膜。包扎膜有厚度不同的地膜和棚膜两种。

①地膜。地膜是聚乙烯膜，厚度以0.010～0.012毫米为宜，裁剪宽度2～3厘米，以卷为单位，长度伴随绑缚不同应按需截取。从效果上看，由于地膜较薄，绑缚过程中容易结绺，出现绞缢现象，导致苗木长粗后从嫁接口处折断，因此使用地膜作绑缚材料，在苗木生长到一定高度时应及时检查，发现绞缢现象要及时解膜。地膜绑缚操作方便，速度快。以地膜为试材，每千克可供2.5万～3.0万株苗使用。

②棚膜。选择聚氯乙烯膜，弹性好，厚度在0.10～0.12毫米适合，裁剪宽度1厘米左右，长度18～25厘米，以条为单位。棚膜较厚，操作中不容易结绺，基本上没有绞缢现象出现，苗木生长过程中不必解绑缚条。棚膜虽没有地膜绑缚操作方便，应用也十分广泛。以棚膜为试材，每千克可供1.5万～2.0万株苗使用。

3. 嫁接时间 在当年新梢半木质化时进行，从实践上讲，截断新梢刚刚看见白芯是最适时期，此时形成层最活跃，或早或晚都不利于成活。具体时间在沈阳地区5月末到7月初，一个月左右，另外，通过设施育苗嫁接时间可延长，南方根据当地实际情况，嫁接期可延长。通常为了提高嫁接成活率与成苗率按照宁早接勿晚接的原则。

4. 绿枝劈接方法 葡萄绿枝劈接是目前育苗生产中普遍采用的方法。首先，选取粗细与砧木相当或略粗品种的半木质化新梢或副梢作接穗，在芽上方1～2厘米和芽下方3～4厘米处剪下，全长5～6厘米的穗段。再用刀片从芽下两侧削成长2～3厘米的对称楔形削面，削面要一刀成，要求平滑，倾斜角度小而匀。砧木距地面25厘米左右处剪断（伴随嫁接用嫁接刀片割断），留3～5个叶片，剪口应距砧木顶芽3～4厘米，用刀片在断面中心垂直劈下，两侧要求大小对称，劈口深度略长于接穗楔形削面，然后将削好的接芽轻轻插入劈口，使接穗削面上部稍露出砧木外2～3毫米（俗称“露白”，利于产生愈伤组织），对齐砧、穗一侧形成层，当然两侧形成层对齐更好，然后用塑料条将接口和接穗全部包扎严密，仅露出芽眼（图4-12）。或单独将接穗部分用薄地膜包扎保湿，俗称“戴帽”（彩图4-16），10天后应“解帽”。

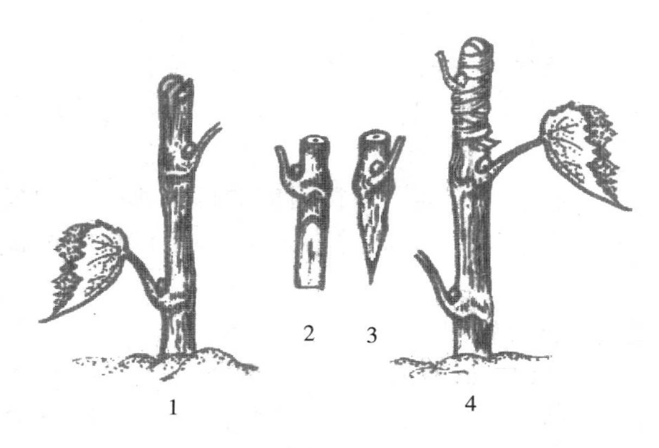

图4-12　葡萄绿枝嫁接劈接法

1. 砧木切口　2、3. 接穗削法

4. 嫁接口绑扎

绿枝嫁接是我国当前繁殖葡萄苗木最主要的方法，接穗来源丰富，可利用新梢和副梢绿枝芽与砧木配套繁殖，为新品种推广作出突出贡献。

5. 提高绿枝嫁接成活率的关键技术措施

（1）加强砧木管理　嫁接前3～5天对砧木进行灌水，以提高砧木活性，并增加环境湿度；嫁接后要立即灌水，提高田间持水量，降低接穗与砧木的水分挥发。嫁接前1～2天除去砧木基部3～4芽所萌发的夏芽副梢，嫁接后砧木上接续萌发的夏芽与冬芽副梢，应随时除去，避免与接穗萌芽或生长争夺营养。嫁接过程中，应完整保留砧木叶片，保持其最高活性与最大光合能力。

（2）确保接穗质量　接穗最好随嫁接随采集，采集后要剪去叶片，严防失水。从外地调运接穗应低温保湿运输和贮藏，而且贮藏时间不宜超过3天。育苗圃地应建立品种接穗圃。

（3）严格掌握嫁接时间　应在砧木与接穗半木质化时嫁接，过早或过晚嫁接愈合差，成活率低，强调按时集中作业。从天气上看，晴天比阴雨天便于操作，成活率也高。

（4）嫁接操作技术熟练　嫁接各环节应协调一致，速度要快，削好的接穗不能失水，接口和接穗必须包扎严密，保持湿度。

（5）保持苗木不失水　嫁接后应立即灌水，最晚灌水不过夜，以保持嫁接苗具有较高的根压，有利于根系吸收水分和养分。

6. 葡萄嫁接苗管理

葡萄嫁接苗田间管理内容包括地下土、肥、水管理和嫁接植株的抹芽、除萌、搭架、绑梢、解除嫁接口包扎物、新梢夏季修剪（摘心和副梢处理）、病虫害防治等。

（1）土、肥、水管理

①土壤。育苗地通常选择土壤肥沃的地块，最好轮作不重茬。

葡萄育苗往往采取地膜覆盖的方法，发挥增温保湿的作用，地膜种类首选是黑色防草地膜。要保持苗垄（畦）上常年不长草，土壤通气好，随时将生长在地膜外的杂草清除。非地膜覆盖育苗，应及时铲、趟以利除草和疏松表土。

②施肥。葡萄育苗施肥应以土壤有机肥为主，辅助性的施叶面肥。

地膜覆盖育苗，生长后期很难土壤追肥，为防止苗木生长后期脱肥，应特别重视早春土壤有机肥的施入。育苗地有机施肥数量和肥料种类根据土壤肥力情况而定，如厩肥每亩3～5吨，同时配合微生物肥和复合肥料，均匀散撒在地面，通过旋耕，起垄，将肥料与土壤均匀混合。

发现苗木生长期脱肥，可通过滴灌系统或在叶面适当追施辅助性的氮、磷、钾等化学肥料方法弥补。

③灌、排水。葡萄苗圃必须有排水和灌溉条件。砧木插条扦插入地的第一项工作就是供足水分，接穗嫁接以后的第一项工作也是供足水分，才能保证插条成活或嫁接成活，可见水分对葡萄育苗十分重要。苗木生长过程中每时每刻都要蒸腾水分，土壤也要向空间蒸发水分，所以要根据土壤水分变化状况经常补充灌水。目前我国葡萄苗木生产还是以大水漫灌为主，水资源浪费严重。采用滴灌设备（彩图 4-17）科学用水，既节水又省工是发展节水型农业的必然趋势。立秋以后为了防止苗木贪青徒长，促进苗木枝条木质化，应控制给水。

遇到阴雨连绵或大雨天气，应及时排水。

（2）抹芽　葡萄砧木每个节位上有 1 个冬芽和多个隐芽存在，受嫁接创伤的刺激，这些芽极易萌发，消耗苗木营养，干扰接芽萌发和生长，必须及时对砧木进行抹芽和除萌，对于绿枝嫁接苗木而言，这个工作可连续作业 5～6 次，一般要持续到苗木绑梢上架以后。硬枝嫁接育苗由于嫁接过程中已经进行了除芽处理，但为防止遗漏，田间还要开展检查性除萌。

有时接穗的芽眼能同时萌发出 2 个或更多新梢（夏芽副梢和冬芽副梢），要选留 1 个强壮的新梢，多余新梢及时抹除。

（3）搭架与绑梢　搭架、绑梢的主要作用是固定新梢，合理利用空间，促进新梢生长，增加叶片，以增加光合产物，加强通风透光，减轻病虫害发生，便于苗木田间管理，提高苗木质量，同时能多收获品种枝条。

架材由立杆和线绳两部分组成。应就地取材，通常采用竹木作架杆，细铁线、尼龙绳、塑料绳等作横线。

新梢长至 30 厘米以上时开始上架绑缚。绑缚材料可因地制宜，稻草、玉米皮等泡湿后都可使用。绑蔓机是绑葡萄枝蔓的良好设备，可以提高绑梢工效 3～5 倍，日本及我国台湾已经广泛使用，大陆也开始引进。

国外机器嫁接育苗大部分是不搭架的，夏季通过机器反复修剪防止新梢生长过长，确保苗木始终处于直立状态。日本也采用机器嫁接育苗，为了提高苗木质量，田间栽植行距加大到 1 米左右，完全搭架，夏季管理与我国相似。

（4）*摘心与副梢处理* 摘心，俗称掐尖。绿枝嫁接前为使等候嫁接的砧木或接穗枝梢达到半木质化状态，提高接穗芽的利用数量，嫁接前 2～3 天对梢尖摘心；苗木数量大，嫁接人员少，应分批次摘心，防止砧木或接穗老化，影响嫁接操作与成活率。嫁接后，为使葡萄苗木新梢在早霜来临前充分木质化，至少要保证苗木基部有 4～5 个以上成熟饱满芽，应适时对苗木进行摘心。无霜期短的地区、新梢不易木质化的品种及苗梢枝芽没有再利用价值的苗木，应早摘心；相反，可晚摘心。

葡萄新梢生长过程中每个节位叶腋中均有冬芽和夏芽，夏芽发育很快，一旦成熟或受到摘心刺激后就立即萌发抽生夏芽副梢。苗木下部发出的副梢，应从基部抹除；苗木中部发出的副梢，留一片叶“绝后摘心”；苗木顶端副梢，留 2～3 片叶反复摘心。

（5）*病虫害防治* 葡萄苗木繁育过程中，无论硬枝嫁接还是绿枝嫁接，植株都处于高温、多雨的时节（7～8 月），组织幼嫩，新梢距地表近，苗木密度又大，时时刻刻受到病虫害的威胁，为此应提倡“预防为主，综合防治”和“治早、治小、治了”的病虫害防治原则，把损失降到最低程度。

首先，要注意地下害虫（蝼蛄、蛴螬）的防治。施入苗圃的肥料要充分发酵，灭杀虫卵；适量拌入毒饵，诱杀幼虫；在圃地设置黑光灯和糖醋液诱杀成虫。

其次，要根据苗木品种染病情况，着重针对霜霉病、黑痘病和白腐病为防治对象，前期采用半量式（1∶0.5∶240）、中期宜用等量式（1∶1∶200）、后期可用倍量式（1∶1.5∶200）的波尔多液预防；一旦枝叶上发现病斑，立即因病选药进行防治（有关病虫害防治的详细情况参见第十章）。

7. 葡萄苗木出圃　苗木是葡萄建园的物质基础，有了好的苗木，葡萄建园才有良好的基础。优质苗木，不仅起始于培育过程，而且决定于起苗与贮藏操作。如何保证苗木质量，是葡萄苗木出圃首要强调的问题。

（1）*苗木调查*　秋季在苗木没有落叶前，首先应对葡萄苗木品种及数量进行调查，统计出各品种苗木株数，并按地块分别绘制出品种和数量分布图，以防起苗时品种混乱搞错，同时也为制订苗木出圃计划提供依据。其次是“去杂”，要求在落叶前逐行逐棵检查，发现杂苗和病株立即从基部剪掉，在每行第一株开头处系上品种标签明示。

（2）*准备工作*　起苗前，应制订起苗计划。根据劳动力资源、有无机械设备、苗木数量等决定起苗时间长短，合理安排时间与资金。同时要准备好起苗所用的起苗机械等工具、包装材料、苗木临时假植沟、选苗棚、贮苗库等。

秋季干旱无雨，土壤严重板结，在起苗前1周左右应灌一次透水以疏松土壤，既能提高起苗工作效率，又利于保持苗木根系完整。

机械起苗，应“打”机械作业道，即先人工起苗2～3垄（1.2～1.8米宽），使机械能够正常通过而不压苗；对机械不能达到的地头也应人工起苗，满足车辆转弯的需求；影响机械田间作业的渠、埂等应铲平以利于机械通过与起苗。

（3）*清理苗圃现场*　首先，解除苗架线绳，拔出架材，收集并运回仓库；其次，机械起苗有的需要进行苗木剪梢，为此通常在嫁接口以上剪留4～5个饱满芽，若剪下的枝条留作种条，分品种待贮，并及时运回车间进一步处理；若剪下的枝条不留作种条，剪下后要随时运出圃外。最后清除圃地上的地膜和枯枝落叶，运出苗圃集中销毁，保持圃地清洁。

（4）起苗时间　葡萄苗木经过霜打后，叶片1周左右可自行脱落完毕，这时便可以起苗。早起苗，苗木尚带部分叶片，摘叶浪费时间，同时营养没有得到进一步回流，不利于苗木成活与生长，早起苗也会把大量的田间热随苗带入贮藏窖，影响存放效果；因此相对略晚一点起苗效果好。起苗具体日期应选择无风（尤忌刮北风）的好天气，低温导致苗木脆硬，容易从嫁接口或地表处折断，温度平和一些也有利于人工拔苗等作业。

（5）起苗　人工起苗用工量大，效率低，根系长短不齐，而且常常导致根系损伤，降低苗木标准，有条件的苗圃应采用起苗犁起苗。

起苗犁由拖拉机驱动，犁刀深入土壤25～30厘米，与地面平行向前切削、疏松土层和苗根，然后人工拔出苗木，并立即放入临时假植沟将根系埋土，以防苗木失水造成苗根干枯。据实验，出土后没有立即埋土假植的葡萄苗木，经半小时风吹日晒后，埋沙贮藏过程中就有20%细根死亡，风吹日晒2小时后细根100%死亡。所以起苗时已出土的葡萄苗根系必须立即埋土假植，否则活苗将变成死苗，一年的辛苦将前功尽弃。

（6）苗木分级　苗木分级能够保证苗木质量，提高栽植成活率，这项工作是在选苗棚或苗木生产车间完成的，这里具备一定的遮阴保湿条件，又能抵御风寒，对苗木本身及工人操作都有利。

首先挑出有病虫害的不合格苗，然后根据苗木质量标准，将苗木分成一、二、三级，其他不合格苗木不得流入市场销售。目前，我国葡萄苗木生产经营者商品意识比较薄弱，苗木分级的重要性没有得到足够的认识，应引起有关人员的重视。

近年来根据我国实际，制定了葡萄嫁接苗质量指标（表4-1），指标全面具体、可操作性强。

表 4-1　葡萄嫁接苗质量指标

（严大义，2005）

项目			级别		
			一级	二级	三级
品种与砧木类型			纯正		
根系	侧根数量		5 条以上	4 条	4 条
	侧根粗度		0.4 毫米以上	0.3～0.4 毫米	0.2～0.3 毫米
	侧根长度		20 厘米以上		
	侧根分布		均匀、舒展		
枝干	成熟度		充分成熟		
	枝干高度		50 厘米以下		
	接口高度		20 厘米以上		
	粗度	硬枝嫁接	0.8 厘米以上	0.6～0.8 厘米	0.5～0.6 厘米
		绿枝嫁接	0.6 厘米以上	0.5～0.6 厘米	0.4～0.5 厘米
	嫁接愈合程度		愈合良好		
根皮与枝皮			无新损伤		
接穗品种饱满芽			5 个以上	4 个以上	3 个以上
砧木萌蘖处理			完全清除		
病虫危害情况			无明显严重危害		

日本葡萄苗木的标准高，强调苗木当年的生长高度和根系的多少（表 4-2）。

表 4-2　日本葡萄苗木标准

级别	苗木生长高度（米）		备注
	植原葡萄研究所	中山葡萄园	
特选苗	＞1.7		特别好的苗
特等苗	1.2～1.7	＞1.2	根系比较多的标准苗
上等苗	0.8～1.2	0.8～1.2	根系少一点的苗
中等苗	0.3～0.8	0.3～0.8	细弱苗

注：摘自日本植原葡萄研究所和中山葡萄园．葡萄品种解说，2004。

苗木分级绑捆工作应集中在荫棚里进行，将相同等级的苗木每10株或20株绑成一捆，首先注意嫁接口对齐，其次每株苗按照弯对弯顺序捆扎，每捆苗木都在嫁接口以下砧木部位和嫁接口以上接穗部位各绑一道（彩图4-18）。捆绑材料最好选用不易腐烂的多种色彩的撕裂膜，相同品种用同一颜色的绳膜捆扎，以免在贮藏、出库、装车、运输、出售及栽植中造成品种混杂。

（7）苗木消毒　在国外，为了避免苗木传播病虫害，需将苗木整体在50～55℃热水中浸3～5分钟，进行消毒。先将一定数量苗木摆放在专用大铁笼子内，通过吊车提起铁笼放到固定的热水池内浸泡，达到要求时间后再由吊车提出，再放到常温清水池内冲洗及降温，整个过程操作机械化。目前，我国葡萄苗木消毒这个过程往往被忽略了，是不科学的，应及时纠正，至少应在栽植前结合苗木浸泡过程施药消毒。

（8）苗木包装运输

①包装。苗木贮藏运输离不开包装，我国苗木包装还处于初级阶段，仍然采用编织袋内衬薄膜塑料保湿的方法，添加湿锯末等保湿材料，虽经济实惠，但不规范；国外通用纸壳箱包装，也内衬薄膜塑料保湿，添加苔藓等保湿材料，纸箱外标明生产企业、品牌、品种及数量等（彩图4-19），非常规范、明了、方便运输。

②运输。葡萄苗木商品流通的渠道有邮政、铁路、公路、民航快运等，在运输过程中要为鲜活苗木提供温度、湿度和空气的最适生存条件。运输车辆要求密闭，苗木不能风吹日晒。葡萄苗木运输时间在5天之内，采用内衬薄膜塑料袋包装就可满足湿度和氧气要求；运输超过5天，薄膜塑料袋内应适当放入湿锯末或苔藓等保湿材料。运输过程中温度的限定比较严格，要求葡萄自根苗木必须在－4～8℃条件下运输，如果运输的是抗寒砧木嫁接苗，则最低温度可降至－10℃。

（9）苗木贮藏　我国葡萄苗木贮藏方法为利用河沙直接埋藏

于窖和库内，苗木码垛，一般根对根，一层苗一层沙，垛高不超过2米，垛间留出通气间距0.3～0.5米，这种贮藏方法投资少，易行。国外如欧洲国家是先将苗木放入衬有保湿塑料袋的贮藏箱内，每箱可放0.5万或1.0万株不等，然后通过机器将贮藏箱码放在恒温恒湿的贮藏库内，每箱上标明品种、砧木及数量等，拿取非常方便。

无论采用何种贮藏方法，都要满足鲜活苗木最适生存条件，如对温度、湿度和氧气的要求。贮藏温度最好控制在0～4℃，秋天尽量延晚起苗，推迟苗木入窖时间，减少苗木把田间热量带入库内，防止苗木热伤霉变。湿度控制在60%～80%较合适，湿度过低，苗木易失水，影响栽植成活率；湿度过大，苗木易霉变，出现烂根和芽眼死亡。

第五章 设施葡萄栽植建园

设施葡萄园建设投资大，耗材多，建园前应充分考察，根据市场需求、资金储备和技术能力，选择合理的设施类型与地块，在认真规划设计的基础上，做到合理栽植与科学建园，避免造成损失，实现良性生产循环。

一、规划设计

选择设施葡萄发展场地时，应综合考虑当地的自然条件和社会条件，对规模经营的园区建设更是如此。

1. 地形和地势 地形开阔，东、西、南三面无高大建筑物和树木等遮挡；地势高燥，排水通畅，背风向阳，若北面有山冈作为屏障则更好。

2. 土壤 地下水位低，土壤含盐、碱量低，土质疏松、肥沃，保水性能好。

3. 社会经济条件 要有灌溉条件，交通方便，供电有保障，要避开工矿、高压线路和垃圾站等污染源。

二、架式选择与密度

葡萄设施的类型决定了架式的类型，也直接关系到栽植密度设计和管理方法、浆果产量、品质及经济效益的发挥。

1. 日光温室 日光温室空间狭小，应选择能尽早利用空间、早期丰产的架式与树形，尽快获得回报。现以长 100 米、宽 7 米、面积约 1 亩的日光温室来说明。

(1) 单臂篱架（彩图 5-1）　特点是架面与地面垂直，或者略倾斜。架高 1.7～1.9 米，上 4 道铁线，如图 5-1（左图）；架过高，不仅不利于操作管理，还易导致互相遮光，影响葡萄品质。行距 1.2～1.5 米，株距 0.6 米，亩栽植苗木 800 株左右。一般采用单蔓整枝，也可以双蔓整枝，树高 1.0～1.2 米，主干高 20 厘米左右，主蔓长 0.8～1.0 米，主蔓直接着生结果枝组。篱架整形，栽植后次年可结果，即每株产量 2.0～2.5 千克，亩产量可达 2 000 千克左右。

特点：早期丰产，但要加强管理。

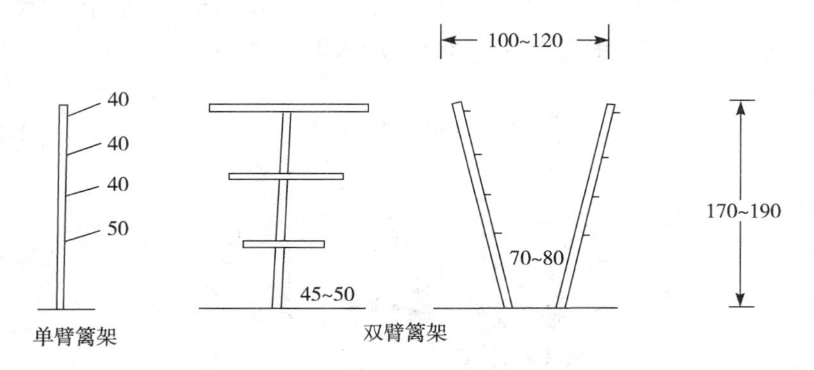

图 5-1　葡萄篱架（单位：厘米）

左：单臂篱架　右：双臂篱架

（修德仁，2004）

(2) 双臂篱架（彩图 5-2）　由双排单臂篱架组合而成，高度也是 1.7～1.9 米，仍然上 4 道铁线；外观看似倒梯形，底部臂间距 70～80 厘米，上部臂间距 100～120 厘米，如图 5-1（中间及右图）；通常单行栽植，单蔓整枝（也可以双蔓整枝），篱架整形，行距 2.0～2.5 米，株距 30 厘米，双侧交差引蔓，亩栽植 800～1 000 株，栽植后第二年可产葡萄 2 000 千克，极易早期丰产。

双臂篱架也可双行栽植，但中耕除草及施肥很不方便。

特点：与单臂篱架相似，也早期丰产，只是透光性略差，管理过程中，应加强枝梢引缚与修剪，防止架面郁蔽，影响果实品质。

单、双臂篱架由于树体直立，结果部位易上移，应加强管理。

（3）V形篱架（彩图5-3） 由立柱、三道横梁、8道铁线组成，即三横梁结构，如图5-2。架材中的三道横梁，可以是竹、木或角铁直接建成三角架，即三角架结构。通常单行栽植，栽植行距2.0～2.5米，株距0.6～1.2米，亩栽植200～500株。一般采用单臂或双臂水平整形，干高0.5～1.0米。植后第二年可产葡萄1 500千克左右，第三年进入丰产期。

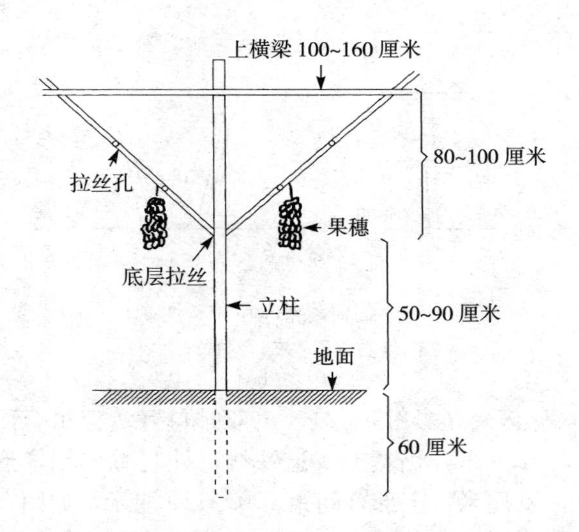

图5-2 葡萄V形篱架

特点是：节省架材，结果部位不上移，中耕除草及施肥等作业方便。

V形篱架除适合日光温室外，还适合葡萄非防寒地区大棚及避雨棚，是我国南北方应用比较广泛的一种架式类型。

（4）倾斜式小棚架

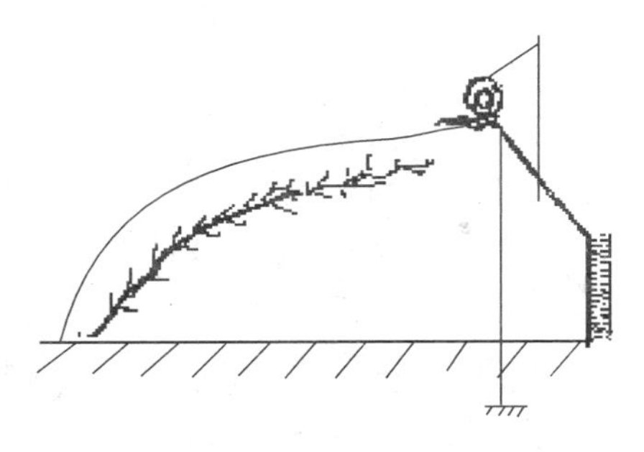

图 5－3　日光温室葡萄倾斜式小棚架

在日光温室南沿 1 米处挖东西向沟栽植，葡萄枝蔓向北侧倾斜爬行，要求架面与日光温室棚面平行，蔓间距不能小于 50 厘米，可以在室内立柱搭架或利用日光温室铁架结构搞吊架（图 5－3）。每栋日光温室只能栽植一行，株距 50～60 厘米，亩栽植 180～200 株，往往采用单蔓独龙干整枝，蔓长 5～6 米，主干高约 20 厘米，需要 3～4 年进入丰产期。

特点：树体成形需要时间长，早期丰产性差，但树势均匀、易于管理。一般在考虑前期间种或旅游观光应用，特别适合戈壁荒滩、河滩地及疏石山地等土壤不适合葡萄生长发育，需要客土栽植的地区，选用本架式，可减少客土量。

日光温室倾斜式小棚架设计，对空间利用比较缓慢，为了提早利用空间，也有对日光温室采用倾斜式小棚架与单臂篱架混合设计的（图 5－4）。

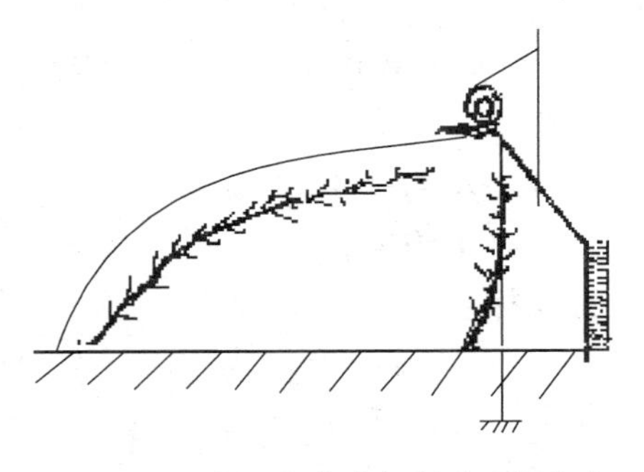

图 5－4　日光温室葡萄倾斜式小棚架与单臂篱架混合设计

2. 大棚　大棚空间较大，南北方都适用，适宜的架式也较多。

（1）单臂篱架　设计同日光温室单臂篱架，行距 1.2～2.0 米（非埋土防寒栽培行距可以 1.2 米），可栽植 4～6 架（图 5－5），株距 0.5～0.6 米，可栽植苗木 600～800 株。

第二年产量达到 1 500 千克左右。

(2) **单、双臂混合篱架** 有的大棚设计时，两侧肩高较低，一般不到 1.2 米，若两侧再采用双臂篱架管理很不方便，为此两侧采用单臂篱架，中间采用双臂篱架栽植（图 5-6）。可栽植苗木 800 株左右。第二年产量达到 1 500 千克左右。

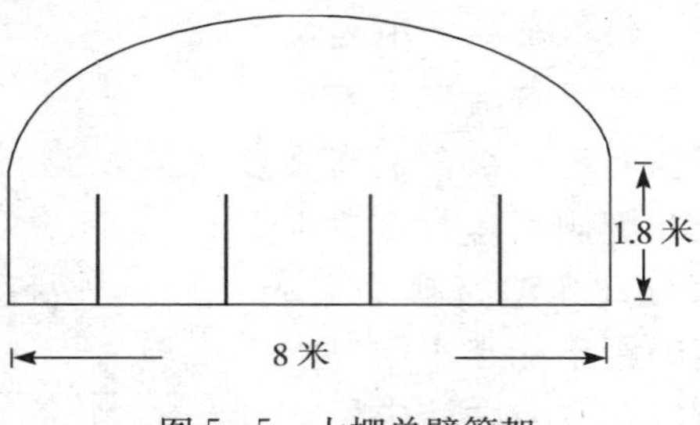

图 5-5 大棚单臂篱架

(3) **双臂篱架** 设计同日光温室单臂篱架，相关指标可沿用。栽植行距 2 米，株距 30 厘米（图 5-7），亩栽植 1 000 株左右；第二年产量达到 2 000～2 500 千克，极早进入丰产期。

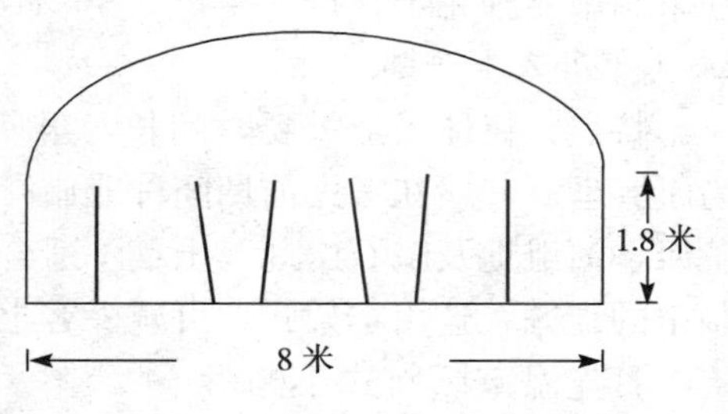

图 5-6 大棚单、双臂混合篱架

(4) **双向倾斜式小棚架** 对于跨度在 4～7 米的大棚，采用单臂篱架、双臂篱架或单、双臂混合篱架都是适合的。除此之外，采用倾斜式小棚架设计也是比较适宜的，达到既能充分利用空间，又能方便管理的双重目的。倾斜式小棚架一般采取对向式与反向式两种设计（图 5-8、图 5-9），栽植 2 架。株距 60 厘

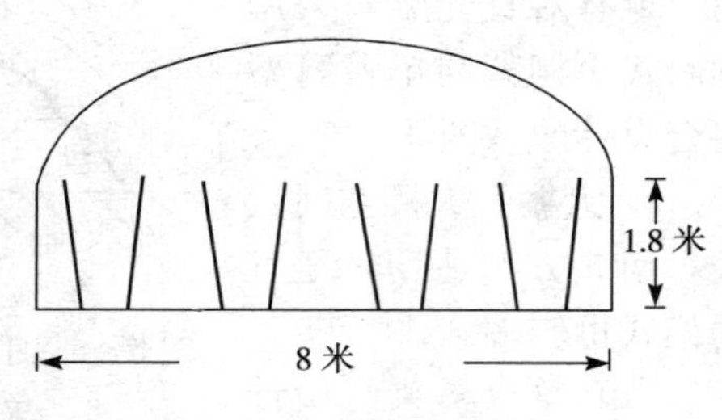

图 5-7 大棚双臂篱架

米，亩栽植400株左右。需要第三年进入丰产期。

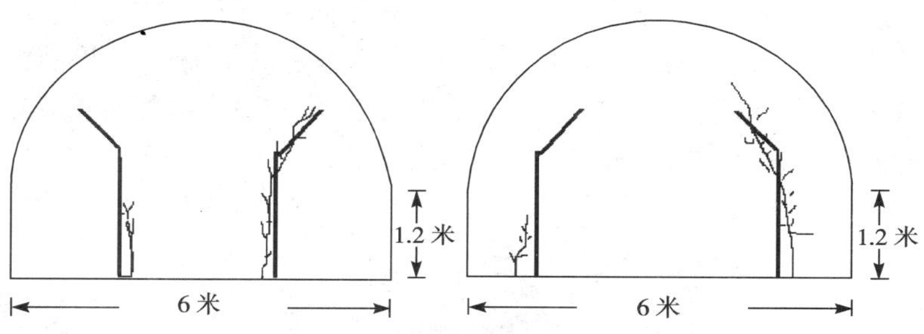

图5-8　大棚外向斜式小棚架　　图5-9　大棚内向斜式小棚架

以上4种架式［(1)、(2)、(3)、(4)］，树体往往采取独龙干整形，基本无主干，主蔓直接结果，易于下架防寒操作，主要在葡萄冬季需埋土防寒越冬地区采用。

(5) 水平棚架（彩图5-4）　架面水平，距离地面175～185厘米，树体主干高度也是175～185厘米，树体呈水平棚架设计有利于树体发育也便于管理。水平棚架整枝可以开展大行距栽植、大树冠整形（图5-10）。单位面积栽植株数少，对于土壤改良及土壤管理是有意义的，对需要客土栽培的地块，减少了客土工作量，方便易行。

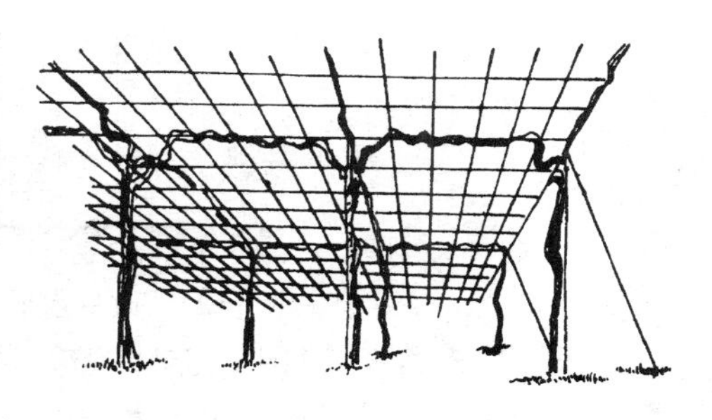

图5-10　大棚水平棚架

水平棚架可以采用"一"字形、H形及Y形整枝。

水平棚架整枝系采取大树型管理，早期丰产性差，有条件的地区可以考虑多栽植临时植株的方法弥补早期产量，树体长到一定程度，再逐年适当间伐。

(6) 改良水平棚架　改良水平架，是近年来发展起来的一种新架式。架面主体水平，距离地面175～185厘米，而植株主干高度145～155厘米，主蔓距离棚架棚面30厘米左右。采用“一”字形整形，新梢前段呈倾斜分布；枝蔓Y形整形，果穗即着生在这个倾斜段，然后呈水平分布（图5-11）。这种架式对葡萄前期发育有利，也有利于管理操作。

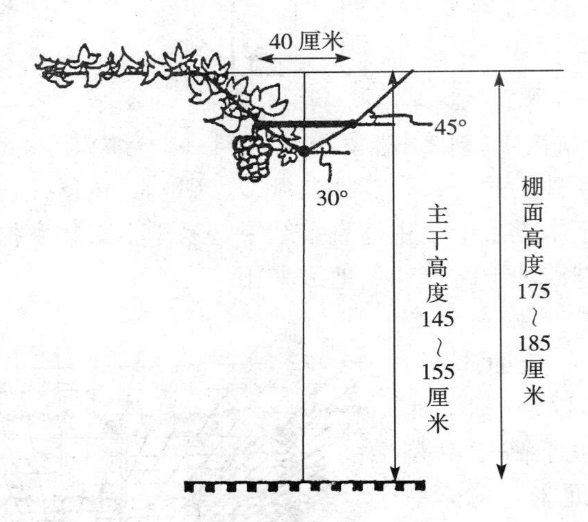

图5-11　改良水平棚架

（7）V形篱架　详见上文日光温室葡萄（3）V形篱架，根据大棚的跨度，可以选择一个大棚多架葡萄的栽培方式。一般跨度6米的大棚，栽植2架；跨度8米的大棚，栽植3～4架。

以上3种［（5）、（6）、（7）］架式树体往往有主干，主干上着生次级干（H形整枝等），或直接着生主蔓（“一”字形整枝及V形篱架整枝等），适合葡萄冬季非埋土防寒越冬地区及设施类型采用。

3. 避雨棚

（1）V形篱架　详见上文日光温室葡萄（3）V形篱架，根据避雨棚的宽度，既适合一个避雨棚一架葡萄的栽植方式，也适合一个避雨棚多架葡萄的栽培方式。目前我国广泛推广的竹木结构避雨棚，拱跨较小，一般一个避雨棚栽植一架，拱跨大的避雨棚多架。

(2) 水平棚架及改良水平棚架 详见上文大棚 (5) 水平棚架、(6) 改良水平棚架，适合拱跨大的避雨棚。

三、栽植技术

1. 挖栽植沟与回填（彩图 5-5） 葡萄是多年生藤本植物，寿命较长，定植后要在固定位置上生长结果多年，需要有较大的地下营养体积。而葡萄根系幼嫩组织是肉质的，其生长点向下向外伸展遇到阻力就停止前进，需要相对疏松的土壤环境。根据挖根调查，葡萄根系在栽植沟内的垂直分布以沟底为限，栽植沟挖的深，根系垂直分布也随之加深，但 70%的根系集中分布在地表 20～60 厘米范围内；根系的水平分布也受栽植沟的约束，根系在沟的中、下部位置基本分布在沟的宽度范围之内，顺栽植沟方向能伸展 7～8 米，只有少量根系才能在沟外耕作层范围内伸展。可见，葡萄挖沟栽植和改良土壤有利于根系占据更大的营养空间。

栽植沟的深度和宽度。深度一般为 70～80 厘米，宽度 80～100 厘米。

挖沟前先按行距定线，再按沟的宽度挖沟，将表土放到一面，心土放另一面（不回填，放置于地表），按沟的规格挖成，然后进行回填土。回填土时，先在沟底填一层 20 厘米左右厚的有机物（玉米秆、杂草等），若地下水位较高或排水不良地块，可填 30 厘米左右厚度的炉渣以作滤水层，再往上填表土，回填土要拌粪肥，即一层粪肥一层土，或粪土混合填入（图 5-12）。要求每亩施入 5～7 米^3 土粪、200 千克左右磷肥。

栽植沟回填与畦面造型时因南北方的气候差异而选择不同的方式，北方多采用传统的平畦栽培，南方采用高畦栽培。随着对葡萄研究的不断深入，北方非埋土防寒的设施也开始采用高畦栽

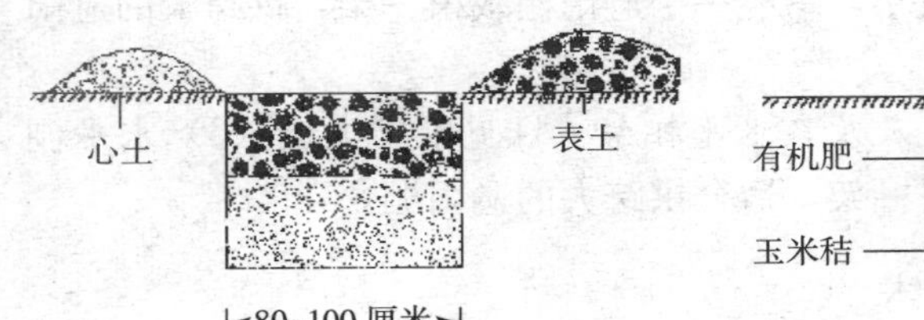

图 5-12 挖栽植沟与回填

（左：挖栽植沟 右：回填）

培，因为高畦有利于土壤升温。通常高畦的修建规格为，上宽100～120 厘米，下宽 120～150 厘米，畦高约 30 厘米，畦间沟深 20 厘米，如图 5-13。

土壤贫瘠园地，一定要客土改良，用园田表土或从园外取山皮土回填入沟。

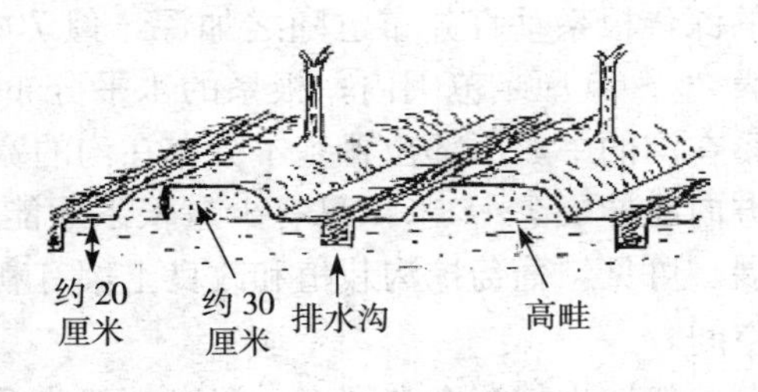

图 5-13 葡萄高畦栽培

2. 苗木选择 为了提高适应性，要选择嫁接苗；嫁接苗的砧木类型应符合要求，嫁接口完全愈合无裂缝。经越冬贮藏的苗木，根系不发霉（霉烂的苗木，根系用手一撸即脱皮，且变褐色），苗茎皮层不发皱（风干后皮层收缩发皱），芽眼和苗茎用刀削后断面鲜绿，即为好苗。合格的葡萄苗应具备 6 条以上直径2～3 毫米的侧根和较多须根；苗茎直径 6 毫米以上而且完全木质化，其上有 3 个以上饱满芽；整株苗木应具备无病虫危害、色泽新鲜、不风干等外部形态。

3. 苗木栽植前处理 首先进行适当修整，剪去枯桩和过长的根系和芽眼，根系剪留长度 10～15 厘米，嫁接口口上剪留2～3 个饱满芽。其次将苗木置于 1 200 倍的多菌灵药液中浸泡12～

24 小时杀菌消毒，同时使苗木吸足水分。然后可以直接栽植。

4. 栽植时期　当设施内 20 厘米深土壤温度稳定在 10℃时，便可以栽植苗木。沈阳地区 3～4 月是设施葡萄理想的栽植时期，具体时间可根据设施内实际温度情况而定。如果设施上茬作物还没有收获，可先将苗木栽植到营养钵内临时培养，以后在 6 月中旬前完成永久定植，确保苗木生长期。

5. 栽植密度　根据不同地理位置冬季是否需要下架防寒的气候特点，以及设施类型、土壤肥力状况、整形方式、架式特点、品种树势等因素造成的栽植密度有所差别。严寒地区葡萄需要培土防寒，栽植密度应小一些；高温高湿的环境病害严重，栽植密度也不能大；土壤肥沃的枝繁叶茂栽植密度应比贫瘠土壤小；树势强旺的品种应稀栽。有关不同设施、架式或整形方式等不同方式的栽植密度详见上文。从栽培角度分析，为了增加光照，提高光合效能，促进花芽分化，提高果实品质，促进枝条木质化，确保稳产优质，无论哪种栽培方式，设计时都应充分考虑栽植密度。

6. 栽植管理技术

(1) *栽时挖大穴*　在栽植畦中心轴线上按株距挖深、宽各 20～30 厘米栽植穴，穴底部施入几十克生物有机复合肥作口肥，上覆细土做成半圆形小土堆，将苗木根系均匀散开四周，覆土踩实，使根系与土壤紧密结合。栽植深度以原苗木根颈与栽植畦面平齐为适宜（图 5－14），过深，土温较低，氧气不足，不利新根生长，缓苗慢甚至出现死苗现象；过浅，根系容易露出畦面或因表土风干，降低成活率。

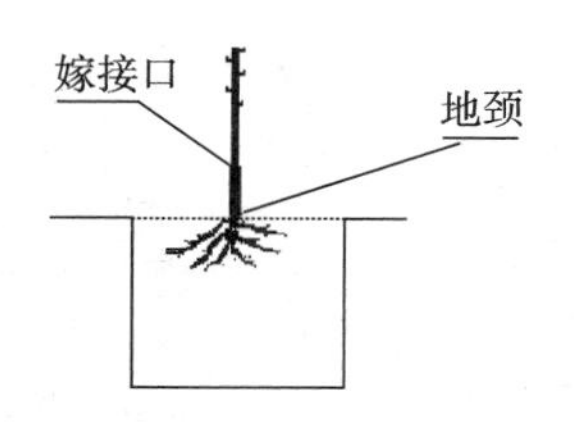

图 5－14　葡萄嫁接苗栽植

(2) *覆膜*　栽植后及时覆盖黑色地膜（彩图 5－6），保证嫁接口部位以上露出畦面。黑色地膜具有对土壤保湿、增温、防杂草的作用，对提高成活率有良好效果。

（3）及时灌水和培土堆　根据土壤墒情，一次灌透水。在干旱地区，为了防止苗木风干，可采用培土堆的方法来对苗木保湿，以提高苗木栽植成活率。其作法为：待水渗下后，给苗茎培土堆，高度以苗木顶端不外露为宜。待苗木芽眼开始膨大，即将萌芽时，选无风傍晚撤土，以利苗木及时发芽抽梢。

栽后一周内只要 10 厘米以下土层潮湿不干，就不再灌水，以免降低地温和土壤通气。之后土壤干燥时可随时灌小水。

第六章
设施葡萄树体枝梢管理

认识葡萄枝、芽的生长发育特性，通过整形修剪及对枝梢的科学管理实现设施葡萄连续丰产丰收的目的。

一、葡萄枝芽的生长特点

1. 葡萄枝蔓构成与生长特性 葡萄由于其攀缘生长的特点，枝干通常称枝蔓，包括主干、主蔓、枝组、结果母枝、新梢（结果枝和营养枝）、副梢（夏芽和冬芽副梢）、萌蘖等部分（图6-1）。

从葡萄枝干粗度上看，主干＞主蔓＞枝组＞结果母枝＞新梢＞副梢，从生长发育时间上看，也是这个顺序。

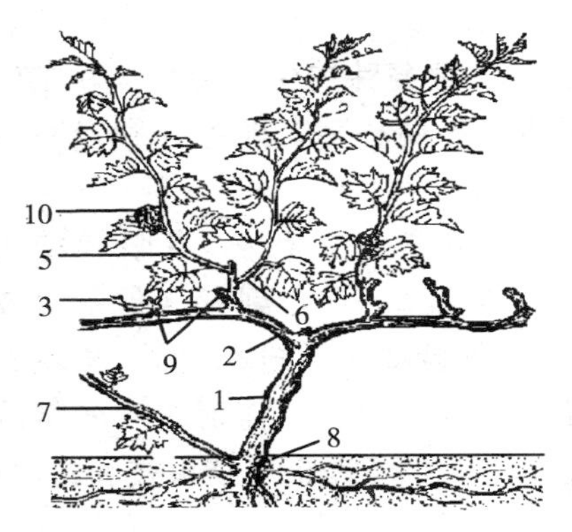

图6-1 葡萄枝、干结构

1. 主干 2. 主蔓 3. 结果母枝 4. 叶片 5. 结果枝 6. 发育枝 7. 萌蘖 8. 根干 9. 结果枝组 10. 果穗

（严大义，1989）

主干、主蔓生长期最长，几年甚至几十年或更长，为了维持树体活力可适时对主干、主蔓进行更新复壮。葡萄在冬季需要下架埋土防寒的地区，其植株无明显主干，从地面或近地面部分直接分生出主蔓。葡萄在冬季无需下架埋土防寒的地区，树体有明显的主干，主干上再着生主蔓，主蔓可以是一个，也可是多个不等。

主蔓上着生结果枝组，每年在其上选留结果母枝。结果枝组是多年形成的，一旦形成不轻易更新，有特殊需求时也可在冬季修剪时进行更新，以保持均衡的结果量。结果母枝是当年成熟的新梢在冬剪后留下的一年生枝，次年萌芽产生新梢结果。

新梢上的夏芽或冬芽当年萌发形成的梢称副梢，留副梢的目的主要是为了增加叶片数量，发挥多积累营养的作用，特殊情况也用于培养结果母枝或结二次果。

萌蘖是由植株基部主干或主蔓上潜伏芽（见下文）在被某些因素刺激后诱导萌发形成的，这些不定因素包括重修剪、枝蔓局部机械损伤等，通常情况下，萌蘖一般无利用价值，为了节省营养应尽早除掉；有时为了利用萌蘖，可诱导萌蘖转换成枝条，培养成结果枝或新的植株；这样的枝条一般当年不结果，但次年可结果，日光温室葡萄促成栽培平茬更新修剪即利用了这一习性。

2. 葡萄芽的生长特性　新梢的叶腋内具有两种芽，即冬芽和夏芽（图 6－2）。

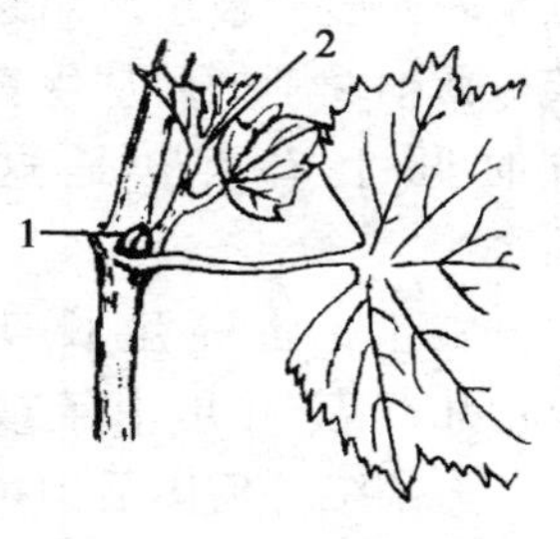

图 6－2　葡萄冬芽和夏芽
1. 冬芽　2. 夏芽（副梢）

冬芽是一个复芽（芽眼），包括 1 个主芽和 2～6 个副芽（预备芽或隐芽），外被鳞片（图 6－3）。自然状态下，冬芽中的主芽需通过越冬休眠才能萌发，抽生新梢（结果枝和营养枝）当年结果，如果对其重摘心、重修剪或人工诱导萌芽等刺激也可逼迫当年新梢上冬芽萌发，还可结“二次果”。冬芽中的副芽由于没有完全发育，通常第二年春也不萌发，而在主芽梢基部皮层中潜伏下来缓慢发育，形成隐芽；有的品种或受到刺激后副芽第二年也能萌发，一个芽可能萌发出

2～4 个新梢，但副芽梢一般比主芽枝生长势弱很多，与主芽枝不具备竞争力，且结果能力差，为了节约树体营养，副芽枝应尽早抹除。

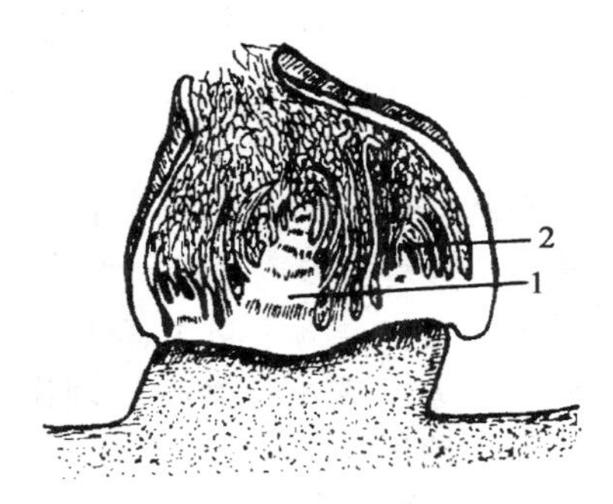

图 6-3　葡萄冬芽结构
1. 主芽　2. 副芽

夏芽为裸芽，紧靠冬芽旁边，随着新梢的加长加粗而迅速生长，逐渐成熟，当年即可萌发抽生夏芽副梢。如果冬芽中的主芽或副芽次年不萌发，便潜伏在枝蔓内，形成隐芽，大多数呈永久潜伏状态，随着树体衰老而死亡。

葡萄隐芽一旦遇到刺激后可萌发。在树干基部萌发形成萌蘖；在其他部位萌发形成隐芽枝，隐芽枝可以培养成结果枝组或新的植株，这就是葡萄具有很强再生能力，使葡萄枝蔓易于更新复壮的科学依据。

二、当年定植幼树管理（彩图 6-1、彩图 6-2）

葡萄栽植后，次年可结果。设施葡萄的密度设计更加合理，定植后第二年就能达到经济产量，实现最佳经济效益，可见，对当年定植树加强管理是非常必要的。

设施葡萄一般生育期延长，加大了新栽植幼树的生长量，当年可以顺利达到预计的粗度与高度，为整形及次年丰产奠定基础，在夏剪中，可以相对延迟主梢摘心时间，确保当年生主梢的长度，为下一年结果打基础。同时根据新栽植幼树生长量大的特点，可以通过夏剪，利用副梢直接培养成主蔓或结果母枝，加速树体成形，节省培养枝组所用时间，实现早期丰产。

1. 除萌蘖　葡萄苗木定植后经过管理，很快进入萌芽阶段，而嫁接苗砧木部分芽萌发（即萌蘖），消耗营养，应尽早除掉，整个生长季节发现萌蘖都应坚持清除。对于嫁接树体，在葡萄生长季节，每年随时会形成萌蘖，除萌蘖应作为年度例行工作及时开展。

在除萌蘖的同时，对苗木剪口附近的上芽（一般长势不好）、弱芽及双芽等要及时清除（图 6－4）。选留位置好，饱满的芽发育成未来植株，为了防止意外，先期可留两个新梢，搭架后再将不要的剪除，或经过摘心处理作辅养枝，专为根系补给有机营养，促进幼树生长。

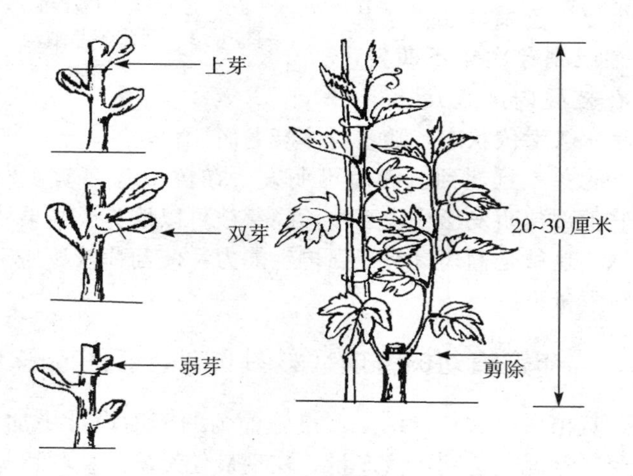

图 6－4　葡萄幼苗期管理
（修德仁，2004）

2. 搭架引缚除卷须　幼苗长到 20～30 厘米时，苗木即将进入迅速生长阶段，为确保其直立生长，减少病害发生，此时应对苗木及时搭架与引缚（图 6－4）。做法是：每株苗木插一根竹竿（双蔓整枝需 2 根竹竿），竹竿下端插入土壤 25 厘米左右，上端固定在葡萄架上，然后再将幼苗绑扎固定在竹竿上，使其顺着竹竿笔直生长（彩图 6－3）；一般每 25～30 厘米捆绑一道，确保树体始终处于竹竿的一侧，操作时注意不要将叶片及叶柄捆绑，否则影响叶片以后的发育。捆绑材料应因地制宜，以当地盛产的稻草、玉米皮等易分解的环保材料为好。有条件可采用绑蔓机绑缚，一台绑蔓机相当于5～6人工作量，既省时、省工、省钱，又美观环保。

搭架前，应解嫁接口薄膜。目前，我国葡萄苗木嫁接口一般由塑料条绑扎，苗木成活后若没有及时解扎，伴随苗木生长加粗，易导致幼小的苗体上形成缢痕，严重时可导致苗茎折断。为此在苗木栽植成活后，幼苗长到30厘米高左右，即解除绑扎物，操作应认真细致。

卷须的原始攀缘功能已经不为栽培葡萄所利用，若继续保留，将耗散树体营养，且随意攀绕也给栽培管理带来不便。伴随搭架与引缚工作，应及时清除卷须。实际上，栽培葡萄无论幼树与成龄树，在葡萄生长过程中发现卷须都要及时清除。

3. 摘心与副梢管理 摘心的目的在于控制新梢（树体）生长，使营养集中在树干及根系内，促进当年树体加粗生长，加速树体木质化步伐，为次年结果及生长奠定基础。

（1）摘心时间 当年定植树的摘心时间，可根据其预计高度或当地物候期确定。设施内栽培葡萄，生长期长的地区，苗木很早就能长到需求的高度（篱架栽培高度一般1.3～1.5米），可按预计高度要求随时摘心，为了促进花芽分化也可分次摘心；生长期短的地区，个别生长差、没有达到预计生长高度的植株，也应于霜期来临2个月前不拘泥于苗木高度而强行摘心，促进苗木加粗与木质化，植株没有达到要求高度需要以后再继续培养。以沈阳地区为例，一般霜期在10月中旬，巨峰等枝条易成熟品种幼树的摘心时间要求不能晚于8月10日，而红地球、京玉等枝条不易成熟的品种幼树的摘心时间要求不能晚于7月20日。

新植幼树第二年的结果能力，与上一年度枝条粗度有正相关性，即枝条粗，结果能力强，为此，设施内葡萄为了提早进入丰产期，必须加强摘心等综合管理。

(2) 摘心与副梢管理　摘心能促进副梢生长，由于顶端优势的作用，顶部副梢生长强旺，向下逐渐减弱。为了避免由于摘心刺激导致枝条冬芽萌发，操作时，可多次摘心（图 6-5）。

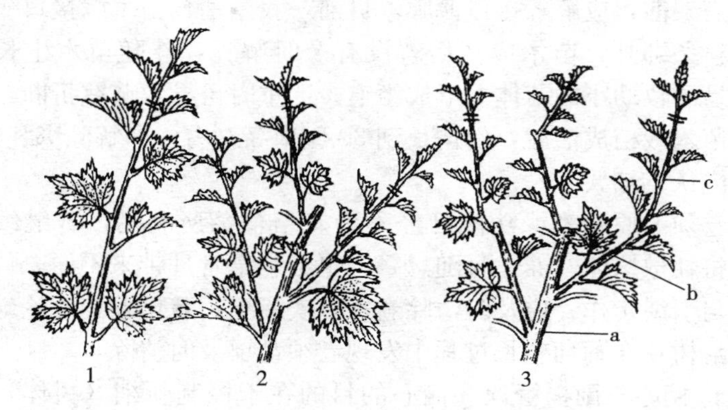

图 6-5　摘心与顶端副梢处理
1. 第一次摘心　2. 第二次摘心　3. 第三次摘心
a. 主梢　b. 一次副梢　c. 二次副梢
（严大义，2005）

第一次摘心（主梢摘心）：对树体按照要求高度摘心。

第二次摘心：除顶端的 2～3 个副梢外（形成一次副梢），下部其余副梢留 1 片叶绝后摘心。对一次副梢留 3～5 片叶摘心，顶端形成二次副梢继续延长，一次副梢上的其余副梢留 1 片叶继续绝后摘心。

第三次摘心：对二次副梢上的顶端继续留 3～5 片叶摘心，其他处理同上。

随着生育期的延长，还可形成多次副梢，参照此方法循环摘心处理。

树体延长梢（或称树头）也参照此方法开展摘心与副梢处理。

三、结果树的枝梢管理

葡萄结果树枝的梢管理内容包括抹芽定梢、新梢摘心、副梢处理、整形修剪等。

1. 葡萄抹芽、定枝　葡萄修剪量一般较重，地上地下平衡被打破，易产生很多新梢。新梢多，树体营养分散，影响新梢个体生长，造成营养浪费，也影响通风透光，造成坐果率低、花芽分化不良和浆果品质下降。通过早期抹芽疏枝，能将树体所贮藏养分和叶片即将获得的光合养分都集中到留下的新梢上。

(1) *抹芽疏枝的时期与方法*　通常分 2 次进行。第一次是在能够清楚地看出萌芽的整齐度和嫩梢的生长势时进行，首先主干上着生的新梢应疏除，其次没有生长点芽及双芽（图 6-6，在缺枝条时双芽都保留，弥补架面空间）中的弱芽也应一次疏除；第二次是在新梢上已能看出有无花序和花序大小的时候进行疏枝，疏枝应尽量保留距主干近的枝条，疏除距离远的枝条。

图 6-6　葡萄双芽

一般欧美杂交种萌芽早，应先抹芽疏枝；树势强的品种（如巨峰等）抹芽宜晚，而且抹芽数量要少，以便分散营养；树势弱的品种（如红地球、维多利亚、金星无核等）抹芽宜早，而且抹芽数量要多，以便集中营养供给留下的新梢加速生长。个别品种如欧美杂交种金星无核、红瑞宝及香悦等因芽基小，新梢尚未半木质化前，着生点附着不牢固，在风等外力作用下容易脱落，需等新梢半木质化后才能最后定梢。

(2) *留枝量确定*　抹芽疏枝的原则应该是：使架面留枝密度合理，篱架每平方米保留新梢 13～15 个，棚架每平方米 9～10

个，叶片小的品种多留，叶片大的品种少留。

具体地说，幼树（2～3 年生）架面空间大，要适当多留枝条，既要考虑整形需要，又要考虑适量结果。进入盛果期的树，整形工作已经完成，葡萄枝蔓已经布满架面，应按植株负载量留芽定枝，一般每平方米架面留新梢数依品种叶片大小而异。以棚架栽培的巨峰为例，每平方米架面留新梢 10 个左右。

新梢上有果穗的，即结果枝；没有果穗的，即营养枝。根据定产需求及架式特点、新梢长度和品种特性等，结果枝与营养枝的选留比例差别很大，应根据实际情况科学决断。一般而言，架式设计空间大，新梢长（1.2～1.5 米），枝条上的叶片能够满足自身所负载的果穗发育需求，可不留营养枝或少留营养枝，而架式设计空间小，新梢较短（0.5～0.6 米），枝条上的叶片不能够满足自身所负载的果穗发育需求，必须多留营养枝，甚至有时营养枝的比例可高达 50%。

2. 葡萄新梢摘心

（1）摘心的作用　葡萄新梢摘心的作用在于调整树体光合营养流向（图 6 - 7），防止营养消耗，促进花器官的进一步分化和花蕾的发育，减轻落花落果，加速果实膨大，促进浆果成熟，增加树体贮藏营养等。

（2）摘心的时间　结果新梢摘心最适宜的时间是开花前 3～5 天或初花期（被摘心品种约有 5%植株开始见到少量花蕾开花）。个别坐果率很低的品种则需要进行两次摘心，即第一次于花序分离期在花序上留 2 片叶摘心，第二次于开花前在顶端副梢上再摘心；对于坐果率高的品种可在坐果后摘心或不摘心，以避免坐果过多，减轻疏果负担。

（3）摘心的程度　结果新梢摘去多少梢尖，不能一概而论，必须根据摘心的作用和目的来进行。从生理上分析，一般幼叶生长到正常叶片大小的 1/3 以上时，叶片光合作用制造的有机营养已开始超过它本身继续生长所消耗的养分，变成功能叶。功能叶

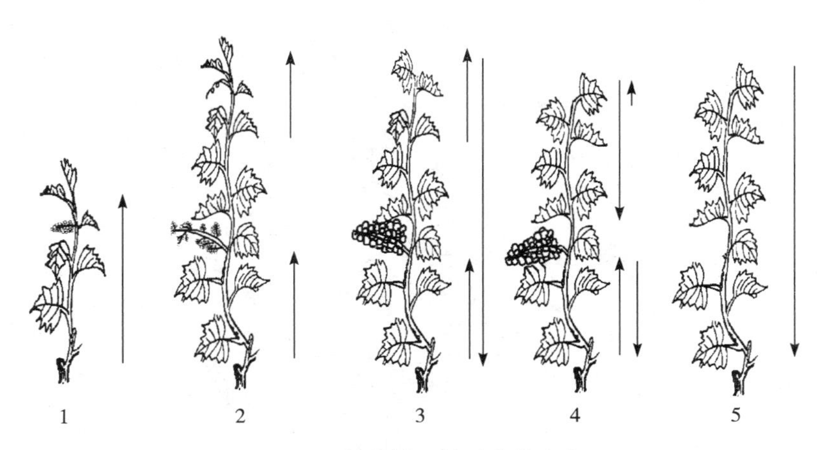

图 6－7　新梢摘心前后营养流向

1、2. 新梢摘心前期：树体营养主要流向枝梢，少部分用于花序分化与开花坐果
3. 新梢摘心期：是营养流向贮藏的开始期，部分营养继续流向枝梢及花序或果穗
4、5. 新梢摘心后期：树体营养主要流向果实或贮藏

每天都有节余的营养供给本叶片以外的各器官。而幼叶面积不足正常叶片大小的 1/3 时，本叶片制造的营养则少于自身消耗的营养，需要其他叶片制造的营养给它补充，即非功能叶。所以，为了集中营养，应在功能叶处摘心（图 6－8）。

常规品种都可参照此方法操作，而有些落花落果特别严重的品种（如紫珍香）则需于开花前在花序前留 1～2 片叶重摘心，后诱导顶端冬芽萌发，留冬芽副梢叶片维持树体光合积累，这样才能提高坐果率。

结果树的营养枝摘心时间与方法可参照结果枝（图 6－8），而幼树的主蔓延长枝摘心应参照“当年定植幼树管理”。

用于继续扩大树冠的主蔓上的延长梢摘心，可根据当年预计的冬剪剪留长度和生长期的长短适当延晚摘心时间（与结果枝比较）。生长期较短的北方地区，应在 8 月上旬以前对主蔓延长枝进行摘心，生长期较长的南方地区，可以在 9 月上旬摘心，使延

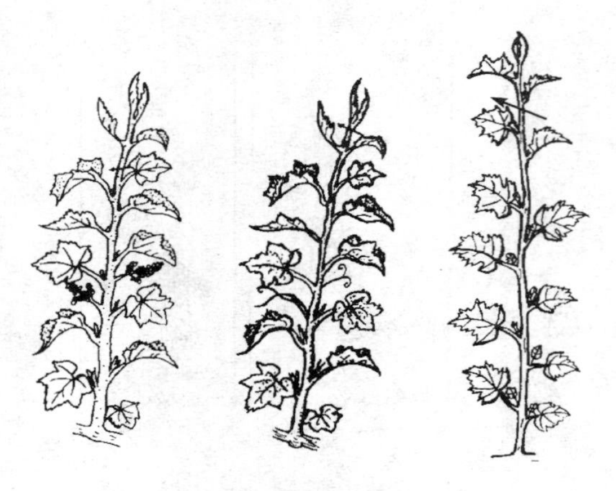

图 6-8　葡萄新梢摘心
（左·结果枝　中、右·营养枝）

长梢停止生长后能充分成熟。具体做法参照前文“当年定植幼树管理”。

3. 葡萄枝蔓与新梢引缚　葡萄枝蔓引缚的目的在于保证其在架面合理分布。葡萄设施往往空间小，且光照减弱，加强葡萄枝蔓与新梢管护，充分利用空间，实现最高光合产能，意义重大。

葡萄新梢着生在主蔓上，欲固定新梢必先固定主蔓。对于非下架的栽培方式，葡萄枝蔓不必每年绑缚，对于枝蔓下架的栽培方式应每年按时绑蔓。葡萄主蔓一般固定在铁线上，由于铁线光滑，有时不利于主蔓固定，为此应先在铁线上缠绕草绳后再绑缚主蔓，提高主蔓固定效果。

葡萄新梢引缚方向主要分成直立（篱架）和水平（水平棚架）两种方式，由于葡萄枝条呈水平状态对花芽分化有利，因此对于水平棚架设计的应尽早引缚，篱架设计的应适当推迟引缚。具体而言，葡萄花芽分化时间集中在花期前后，因此水平棚架在花前便可开展引缚工作，而篱架葡萄在花后 10～15 天再引缚枝梢对花芽分化更有益。

引缚葡萄新梢所用的材料一般选用当地产的稻草、玉米皮等，也有选用塑料条、撕裂膜等合成材料的，应因地制宜。除了传统的手工引缚方法外，绑蔓机（彩图6-4）已经陆续在设施葡萄枝梢管理中推广，效率是传统人工的5倍左右。

引缚新梢需要细致均匀，反复操作完成。

4. 葡萄副梢处理与利用

（1）葡萄叶片光合特点　根据美国学者的研究，葡萄展叶后10天左右光合速率开始显著增强，展叶后30天左右光合速率达到高峰，40天左右开始下降，50～70天阶段处于稳定的时期（图6-9）；可见，前期通过摘心等措施，加速叶片成熟对于提高光合作用是有意义的；而后期老叶片光合作用下降，应该选留副梢叶片来补充。据测定，当副梢形成后，其叶片制造营养的能力一般要比主梢老叶片强3～7倍，可见为了合理利用光合资源，对葡萄副梢的科学处理与利用十分重要。

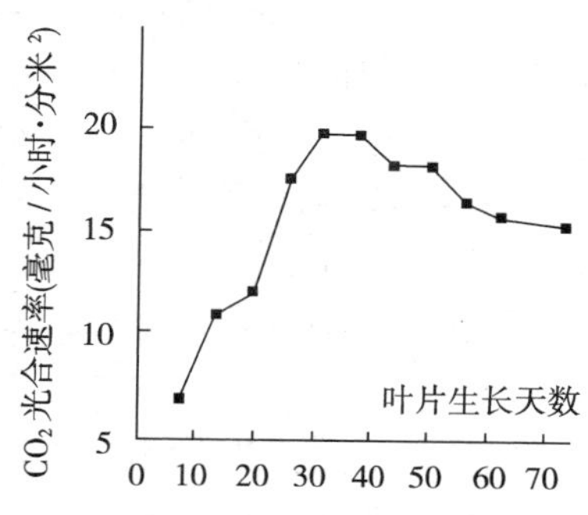

图6-9　葡萄叶片不同发育阶段光合速率比较
（Kriedmann　1970，品种为无核白）

（2）一般副梢的处理与利用　随着葡萄新梢的延长生长，新梢叶腋里的夏芽从下而上陆续萌发成为副梢，副梢叶片进入光合高峰期与主梢叶片存在很长一段的时间差，弥补了后期主梢叶片光合能力下降的不足。副梢是葡萄树体的重要组成部分，节间比主梢短，叶片面积也比主梢小，但数量多，其光合效能大。

葡萄副梢有广泛的用途，处理得当不仅可以加速树体的生长和整形，而且可以添补主梢叶片不足，增加光能利用率，提高浆果品质，甚至利用其多次结果。因其利用方式的不同，目前生产中对副梢的处理方法有如下几种：

①结果枝副梢处理。结果新梢上的副梢可以利用它补充果枝上的叶片不足，有下列处理方法。常用方法是：只保留顶端1个副梢反复延伸，其余副梢全部抹除，顶端副梢每次留1～5个叶片反复摘心，一般第一次摘心留3～5个叶片，第二次摘心留2～3个叶片，第三次摘心留1～2个叶片，强壮枝梢可多留叶片，增加摘心次数，弱枝少留叶片，减少摘心次数。另一种方法是：顶端1个副梢反复摘心（同上），果穗下副梢从基部抹除，其余副梢只留一片叶"绝后摘心"（用大拇指指甲紧贴副梢基部一叶，连其二次夏芽与一次副梢嫩尖同时捏去），如图6-10。比较起来，前一种方法省时省力，易操作，树体光照也好，应用的比较多。

图6-10 葡萄副梢处理
（左：顶端留2个副梢
右：顶端留1个副梢）

②营养枝副梢处理。营养枝上的副梢除利用部分培养结果母枝外，其余同结果枝副梢处理。

（3）特殊副梢的处理与利用

①利用副梢加速整形与培养结果母枝。当年定植苗只抽生1个新梢，但是整形要求需要培养2个或2个以上主蔓时，可以在新梢达到要求高度时及早摘去嫩尖定干，促发副梢，按整形要求选出强壮副梢培养成主蔓，加速整形，如棚架"一"字形整形、H形整形，Y形整形等；篱架V形整形双臂水平整枝等。

主蔓延长梢摘心后，其顶端发出的副梢可继续延长生长，继续做主蔓培养利用，以加速成形。

对于幼树，可采取提前摘心和分次摘心的方法，促进副梢萌发，直接培养副梢作次年结果母枝。

②利用副梢多次结果。副梢是由当年夏芽或冬芽发育而来的，许多品种其上附着一定数量的花序，一般情况下，为了减少营养消耗应及时将花序摘掉；但为了多次结果应利用葡萄副梢可结果的特性，提早对主梢摘心专门培养副梢结二次果。

不同葡萄品种副梢结果能力差异很大，实践表明，巨峰、维多利亚等品种副梢结实力强，可以开展一年多收生产。目前，日本及我国台湾、广西等地，利用此特点开展巨峰等葡萄品种一年两收或多收，实现更高的经济效益。

四、整形

1. 篱架整形（彩图 6－5）

（1）*龙干形篱架整形*　树体没有明显的主干，主蔓直立，在篱架架面上主蔓呈等距离平行排列，形似“龙干”，主蔓上均匀有序的分布着结果枝组、结果母枝和新梢，可分成“独龙干”、“双龙干”、“多龙干”几种形式（图 6－11），目前主要采用“独龙干”形式。其优点：①既适合北方下架埋土防寒栽培模式，也适合于南方非下架埋土防寒栽培模式，是北方设施葡萄的主要整形方式；②树体结构简单、整形容易；③栽植密度大，次年便可

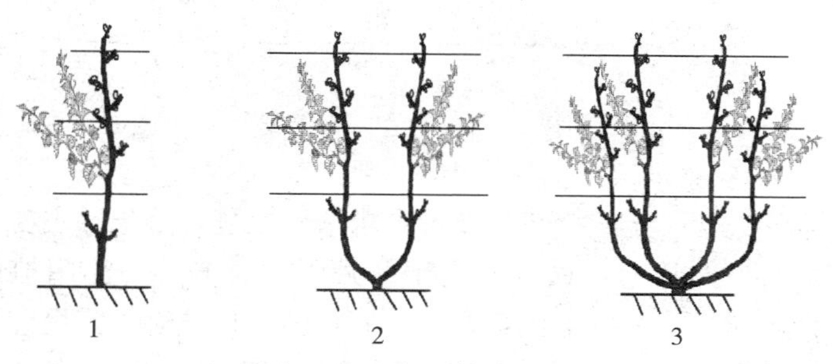

图 6－11　龙干篱架整形

1.“独龙干”　2.“双龙干”　3.“多龙干”

进入丰产期；④架式矮小，充分利用设施空间，作业方便。其缺点：①树体极性生长强，易上强下弱，结果部位上移，老化加快，应合理控制；②树体光照不匀，注意枝梢管理。

（2）单、双臂V形篱架整形（彩图6-6、彩图6-7） 单臂、双臂V形篱架整形，为有主干整形方式，一般干高0.5～1.0米。主蔓水平形在第一道铁线上向一侧水平延伸（图6-12）；双臂水平形其两条主蔓在第一道铁线上向左右两侧水平延伸（图6-13）。优点：①单臂水平整形适合北方下架埋土防寒栽培模式，单、双臂水平整形对南方非下架埋土防寒栽培模式适合，是我国南方避雨栽培与北方日光温室栽培的主要整形方式；②整形规则，枝蔓分布均匀，克服了篱架葡萄易极性生长的弊端，成形快，早期丰产；③结果部位集中，易于管理。

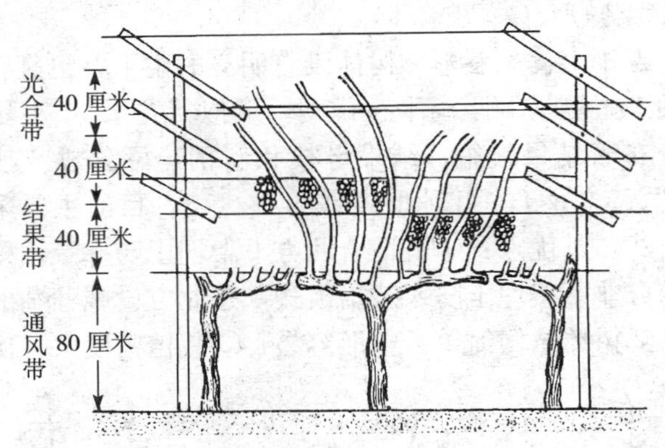

图6-12 葡萄V形篱架

（严大义，1999）

整形过程：定植当年按整形要求选留主蔓，生长到主蔓相互衔接的长度时摘心，最好不晚于8月中旬时摘心（沈阳地区）。生长期超过180天的地区，在培养副梢结果母枝时，需提前摘心促进副梢形成。冬剪时，根据主蔓成熟度以及株距大小进行短截。主蔓长度不足时，则在第二年顶端继续延伸到与临近主蔓相接处摘心。以后可以在主蔓上培养枝组结果，也可以在主蔓基部或拐弯处培养预备蔓，每隔1～2年更新主蔓。

2. 水平架整形（彩图6-8）　针对我国设施葡萄生产实际，仅介绍几种适合南方设施栽培模式所采用的水平棚架整形类型，北方日光温室倾斜式小棚架由于应用的比较少，这里省略。

（1）H形水平架整形　H形整形（图6-13），植株具有1.8～2.0米高的主干，在主干顶部分生4个大主蔓，主蔓及附属新梢呈H形水平分布于架面4个方位，每条主蔓如同龙干形。优点：树形大，植株负担量大，树势缓和；易于整形且很有规则，栽培管理方便；通风透光好，易结实，品质优；单位面积栽植株数少，土肥水管理容易，葡萄架下空间大，适合观光休闲。缺点：不适合密植，树体成形慢，不利于早期丰产。

整形过程：一般定植当年只培养一个主干，干高度要达1.8米以上。第二年开始，1～2年内，在主干顶部选出4个主蔓（或8个主蔓，双H形整形），分别向相反方向平行伸展，呈H形。主蔓间距2.5～3.0米，主蔓上着生枝组和母枝，枝间距15～20厘米（下文各树形留枝密度可参照执行），水平整枝。

目前，在日本也有采用双H形整形的（彩图6-9），如图6-13，整形过程可部分参照H形整形，树体成形时间延长。

图6-13　H形整形

（左：单H形整形　右：双H形整形）

（2）“一”字形水平架整形　“一”字形整形（图6-14），是对H形整形的简化。植株也具有1.8～2.0米高的主干，主蔓及新梢分布在一个水平面上，其优点及整形过程与H形相似，

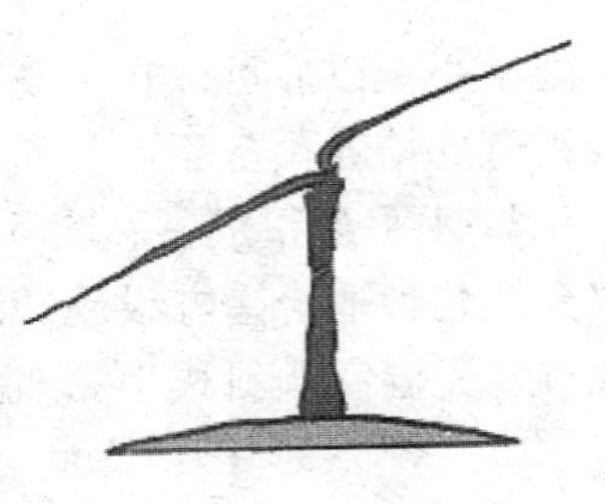

图 6-14 “一”字形水平架整形

树体成形时间缩短，简单易学，方便管理。

由于 H 形、双 H 形及“一”字形整形树体冠幅大，大的保护设施如联栋大棚或单体大棚等能将整株树体保护起来，小的避雨棚根据幅宽，只能将树体单蔓或双蔓分别覆盖保护。

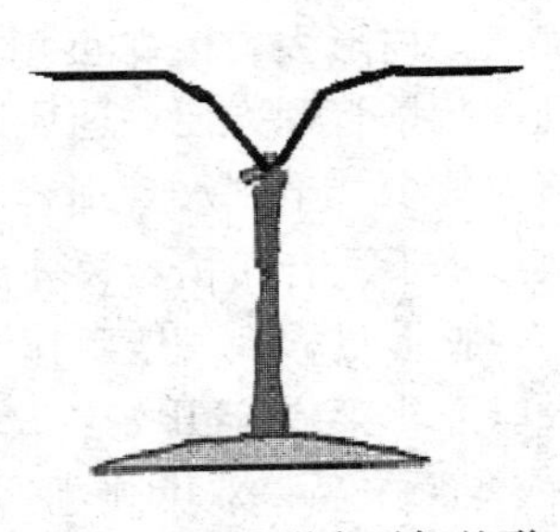

图 6-15 Y 形水平架整形

（3）Y 形水平架整形（彩图 6-10） Y 形水平整形（图 6-15），是一种新的整形方式。植株主干高度 145～155 厘米，主蔓距离棚架棚面 30 厘米左右（棚架面高度 175～185 厘米），即主蔓不在棚架面上，新梢前段呈倾斜分布，然后水平分布在棚架面上，果穗着生在倾斜段。这种整形方式，在发育前期有利于促进新梢生长，后期还能通过水平整枝抑制新梢的发育，达到调整树体平衡的目的；其次，倾斜段架面新梢及果穗分布位置较低，角度适当，有益于劳动者对新梢、花序及果穗的管理操作，是一种能降低劳动强度的整形方式，值得推广。

五、修剪

1. 葡萄修剪基础知识

（1）修剪目的 葡萄修剪的目的是建立树形，保持树势，维持均衡结果。可分成冬季修剪及夏季修剪两类（夏季修剪详见本章节枝梢管理及日光温室葡萄更新修剪）。

（2）留芽量 按剪留枝芽多少分为 3 类：超短梢（1 芽或仅留基芽）、短梢（2～4 芽）和中长梢（5 芽以上）。对于一个品种，采取那种修剪方式（超短梢、短梢或中长梢）取决于品种特点、地域及设施类型等因素，即便是同一个品种在不同地域栽培，或在同一个地域栽培但设施不同，其修剪方式也可能完全不同，因为不同地域及不同设施类型，环境因素变化很大，葡萄花芽分化进程会大不相同。

2. 设施葡萄修剪

（1）常规修剪　所谓常规修剪，即采用与当地露地葡萄同样的修剪方法，可实现连续丰产。如北方大棚栽培的巨峰葡萄在设施内外都可采用短梢修剪，实现连续结果。对于具体到某个地域、某种设施类型、某个葡萄品种，具体采取那种修剪方式应参考当地栽培经验或先开展实验后再大面积推广。

（2）几种特殊的修剪方式

①北方日光温室葡萄修剪。早春，日光温室内光照弱、温度低的环境与露地存在很大差异，导致许多葡萄品种花芽分化节位提高（即超节位分化现象）或分化差，有时没有产量；但由于葡萄品种起源的不同，花芽分化能力差异较大，修剪方式差异也较大。通过近十年来在沈阳地区观察发现：金星无核、着色香、无核寒香蜜、86－11及维多利亚等葡萄品种在日光温室内花芽分化良好，产量连续多年稳定，采用常规修剪方式即可；而对于粉红亚都蜜、京玉、京亚及夏黑等在6月20日前上市的葡萄品种及栽培模式，需要平茬更新修剪才能获得连续稳定的产量；对上市时间晚于6月20日的葡萄品种或栽培方式，如无核白鸡心及藤稔等品种只能通过长梢修剪来实现连年稳产。当然花芽易分化的品种再通过平茬更新或长梢修剪，能获得连续稳定的产量。

a. 日光温室夏季平茬更新修剪（彩图6－11）。平茬更新修剪的基本原理为：通过夏季适时平茬修剪，刺激树体潜伏芽或其他芽眼萌发，使其在适合葡萄花芽分化的环境（长日照、高温）下培养成新的植株，供次年结果，循环往复，达到连年稳产、丰产的目的。

对整枝方式的要求：该方法适合于篱架（高度 1.0～1.5 米）、单蔓（或双蔓）整枝栽植方式，不适合棚架整枝方式更新。

更新时间：要求所栽培品种于 6 月中下旬（沈阳地区）前采收，平茬时间不能晚于 6 月 20 日，但也不宜过早。使更新后发出的新梢集中在 7～8 月份高温、长日照期生长，有利其生长发育与花芽分化。具体操作时间一般在果实采收后一周左右或更长时间进行，目的在于促使葡萄根系多积累一定的营养。

平茬方法：在距离嫁接口 10～20 厘米处平茬，迫使枝蔓上的潜伏芽或下部相应位置当年枝条基部冬芽萌发，然后选留 1～2 个健壮新梢引缚管理，培养成次年的结果母枝（新植株）。

更新后树体管理：平茬更新前应结合施有机肥，开展断根，促进根系发育及对营养的吸收利用，同时应加强综合管理，促进枝梢健康生长，加速花芽分化。

为了增加更新植株粗度生长，促进花芽形成与分化，对于花芽难分化的品种，如京玉、粉红亚都蜜等，新植株摘心应分 2～3 次进行；对花芽比较容易分化的品种如香妃、87－1、夏黑、京亚及藤稔等可一次完成。无论哪种摘心方法都应避免更新植株当年冬芽萌发，否则次年产量要降低。

目前，沈阳地区日光温室促成栽培的葡萄浆果一般在 5 月初到 6 月中旬成熟，连续 5～6 年采用本方法平茬更新，简单易行，实现连续丰产稳产。除辽宁沈阳地区外，河北部分地区日光温室葡萄也部分采用以上平茬更新方法，都取得良好效果。

b. 秋季长梢修剪。日光温室葡萄（如无核白鸡心）存在超节位分化现象，即枝条上部芽眼花芽分化较好，冬季修剪时，为满足正常的产量需求，需要留 4～6 个饱满芽进行长梢修剪（彩图 6－12）。

枝蔓在花序选留中更新：经过长梢修剪后，必然导致次年新梢数量的增加，为结果枝的选留创造了较大的空间，产量有了保证。枝蔓在选留时，不强调单株或单蔓所附着的枝梢数量，而强调每行群体枝梢的总体数量，为此单株上可多留枝蔓，单蔓上可多留新梢。萌芽后没有花序或花序质量差的枝条及花序着生位置不好的枝条、枝蔓及整株都可视情况疏除，其结果是每行不必再保留固定的株数，单株上也没有固定的枝蔓数量，当然单蔓上也没有固定的结果枝数量，只强调每行群体结果新梢的稳定数量；枝蔓围绕花序有无及质量优劣可灵活更新与选留，以达到稳定产量的目的。

为了减少早春结果枝蔓选留的工作量，果实采收后即可将部分发育不好，次年不能作为结果母枝的枝条剪掉，促进保留下来枝条的发育。

枝蔓应采取倾斜、交叉和下压等方式引缚：连续进行长梢修剪，多年生树常导致枝蔓不断延长和加粗，为此枝蔓应采取倾斜、交叉和下压等引缚措施，保持结果部位与叶幕层始终处在最合理的位置（彩图 6-13）。

在沈阳地区永乐农业经济区，日光温室比较简陋，保温效果较差，所栽培的无核白鸡心葡萄一般采收上市期都在 6 月 20 日后，采用此法修剪，树龄大的已经达到 12 年，仍然连续丰产、稳产。

②避雨栽培葡萄长梢修剪。南方葡萄生长期长，生长量大，通过长梢修剪，整形进程快，可实现早期丰产。

南方降雨频繁，光照受到削弱，在弱光条件下，很多地区葡萄花芽分化受到影响。许多品种采用常规短梢修剪方式，次年常常表现花序数量不足，不稳产的现象。为了稳定产量，应采取长梢与短梢相结合的修剪模式，以保证次年花序的数量及产量。并针对不同葡萄品种的花芽分化能力，区别对待。

常见作法如下。

欧美杂交种：每隔 2～3 个短梢修剪（2 个芽）的结果枝，留 1 个长梢修剪（6～8 个芽）的结果枝。

欧洲种：应 1 长 1 短修剪。

然后将修剪后的长梢结果枝捆绑在主蔓上（彩图 6－14、彩图 6－15），这样次年萌芽后新梢及花序数量会明显增加，根据预留花序数量，依照空间再合理选留枝条数量，保证了连续稳产性。

目前该种修剪方法在南方避雨栽培中应用较多，应用品种主要是红地球及美人指等，巨峰群品种应用较少。

③南方葡萄冬果生产修剪。为了按照预定的时间使葡萄成熟上市，需要适时修剪与催芽。目前广西南宁对巨峰的修剪与催芽模式为：1 月下旬至 2 月中旬修剪（留 1～2 芽短梢修剪）后进行催芽处理，3 月下旬至 4 月中旬开花，6 月中旬至 7 月上中旬采收夏果（第一茬果）。夏果采收后进行施肥，树势恢复 1 个月后，于 8 月中下旬进行二次修剪，同时人工摘除余下的全部叶片，再进行破眠催芽，5～8 天后萌芽，开启当年第二个生育期，12 月中下旬收获冬果（第二茬果）。

第七章 设施葡萄花果管理

一、葡萄果实生长特性

1. 葡萄开花与坐果 葡萄的花序随着花芽萌发和新梢的生长而加速分化与发育，从萌芽到开花需经历6～9周时间，进程的快慢与气候（尤其是温度）密切相关。一般萌芽后4周花蕾开始分离，5～6周雄蕊和雌蕊逐渐成熟，当日均温度达到20℃左右时开始开花。正常情况下，花期可持续6～7天，设施葡萄往往处于弱光、夜间低温等不良环境，花期一般较长，有时可持续7～10天，甚至更长，应采取积极应对措施。

葡萄花有3种类型，即雌性花、雄性化和两性花（图7-1）。雌性花是因雄蕊退化，仅具有健全的雌蕊（如葡萄品种着色香），需进行异花授粉或人工通过激素处理才能结实。雄性花没有雌蕊，不能结果，与雌性花同称单性花品种。两性花品种具有健全的雄蕊与雌蕊，能正常结果。目前生产中广泛栽培的鲜食葡萄品种，主要是两性花品种，如玫瑰香、巨峰及红地球等。

葡萄在花粉成熟和雌蕊发育完成后，可以闭花授粉受精（即花冠未张开就在花帽内授粉），也可以开花后进行异花授粉受精，完成该过程，果实就开始生长。

设施内环境往往湿度较大，有些葡萄品种授粉受精不良，单性结实果比例增加，果实大小粒现象比露地重一些，应合理选择品种，或开展激素处理诱导坐果并促进果实膨大；同时设施葡萄往往花帽没有脱落（彩图7-1）已经完成了授粉受精，应注意观

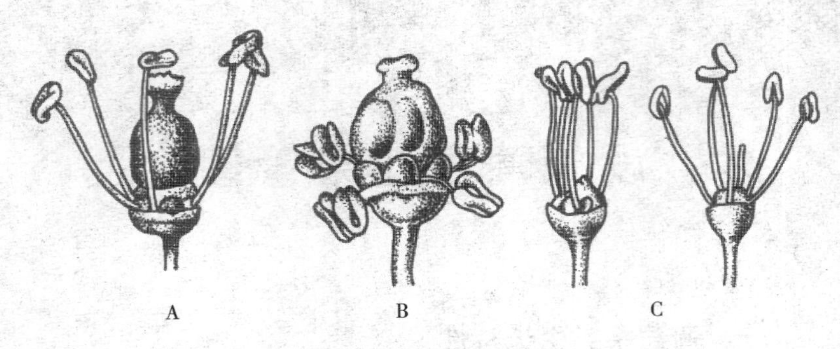

图 7-1　葡萄花的类型

A. 两性花　B. 雌性花　C. 雄性花

（贺普超，2001）

察并合理判断花期，正确决策相关农事作业。

2. 葡萄果实发育和成熟　前面已经提到，葡萄授粉受精后，即形成果实并开始生长发育。

葡萄果实多汁，称为浆果。浆果的发育动态呈双S形曲线（图 7-2），有明显的前（Ⅰ）、中（Ⅱ）、后（Ⅲ）三个时期，前期和后期生长迅速，中期（硬核期）生长较慢，即在一个生长季内浆果先后出现两次生长高峰。第Ⅰ期自坐果至核层硬化，日生长量很大，而且纵径大于横径，所以所有品种葡萄幼果期果形都倾向于椭圆形（个别葡萄幼果期果形呈圆形或扁圆形，说明授粉受精不良，这样的浆果将来只能发育

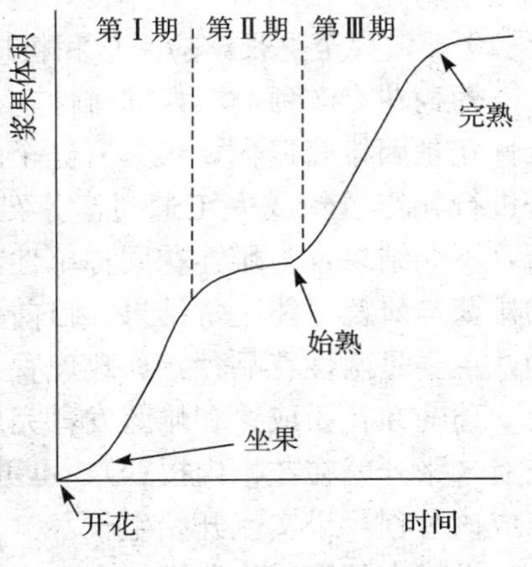

图 7-2　葡萄浆果生长曲线

（贺普超，2001）

成无核果，影响果粒整齐度)，本期内果实生长量占成熟果实的60%以上。第Ⅱ期生长缓慢，果实纵、横径基本不增大，主要表现在胚的发育与核的硬化，其中无核葡萄这一时期相对短些。第Ⅲ期为果径的二次增长，生长量小于第Ⅰ期，并以横径的增长为主。

决定葡萄浆果体积和重量大小主要有果肉细胞数量多少、单细胞体积大小与细胞间隙大小即肉质紧密程度3个因素。葡萄果肉细胞的活跃分裂期是花后7～10天，开花时的葡萄子房内约有20万个细胞，发育40天之后，可增加到60万个细胞，细胞数量增加2倍。葡萄细胞体积，从花期至果实成熟增大约300倍或更多，而细胞密度通常增长4倍左右。生产中在这一段时间加强田间管理，集中营养到果实，并开展激素处理等以促进果实细胞分裂或促进细胞体积增大，进而可大大促进果实膨大。

随着葡萄浆果体积的膨大，第Ⅱ期浆果生长缓慢，葡萄也逐渐趋向成熟。葡萄浆果成熟过程大致可划分为3个时期或阶段，每个阶段各有特征：

(1) 始熟期　果实开始有弹性，酸度不再增加，糖分开始增加；果皮开始着色，白葡萄由绿色转变绿黄色，透明；红葡萄由绿色转变成淡红色；黑葡萄由绿转变为红或紫红色。

(2) 成熟期　果皮颜色进一步加浓，白葡萄变黄色，红葡萄变深红色，黑葡萄变紫色或黑色甚至蓝黑色；果粒第二次膨大达到最大值，含糖量最高，含酸量降到最小，弹性明显，果粉突出显现，穗柄开始木质化。此时为葡萄浆果最佳食用期，也是鲜食葡萄的最适采收期。果实中散发出应有的香气，汁液开始浓缩，口感最佳。

(3) 过熟期　果实中水分开始丧失，果汁愈加浓缩，甜度骤增，果梗逐渐干枯，果皮发皱，果实易感染病害，出现脱粒、腐烂、裂果、干腐等现象。

3. 果穗、浆果构成特点

（1）果穗　葡萄开花后，花序变成果穗，子房发育成浆果（图 7-3）。

果穗的大小、形状和紧密度因品种及栽培条件而异。果穗可分成圆锥形、圆筒形和分枝形等。

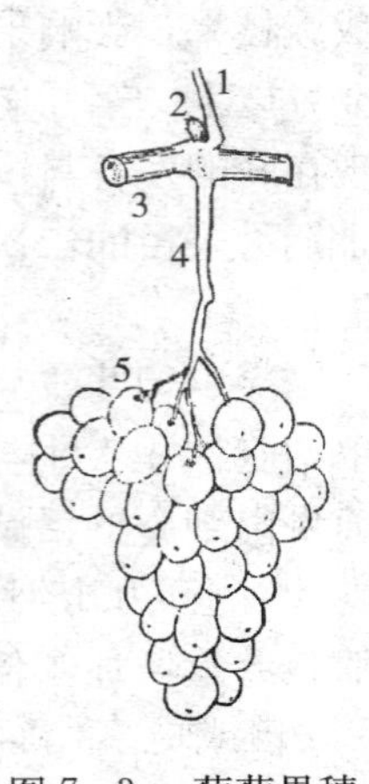

图 7-3　葡萄果穗

1. 叶柄　2. 冬芽
3. 结果枝
4. 果穗梗（柄）
5. 果粒
（吴景敬，1982）

（2）浆果　葡萄的果粒也称浆果。由以下各部分组成（图7-4）：果梗（果柄）、果蒂（果梗与果粒相连接处的膨大部分）、果刷（即中央维管束与果粒分离后的残留部分）。果刷长的品种一般较耐贮运，果粒不易脱落。

浆果一般有圆形、椭圆形、勾月形、鸡心形等。葡萄浆果形状是重要的外观品质性状。

浆果由果皮、果肉和种子构成。

葡萄果皮重相当于总重量的 5%～12%。果皮厚韧的葡萄品种较耐贮运，但鲜食不爽口。果皮薄的品种，

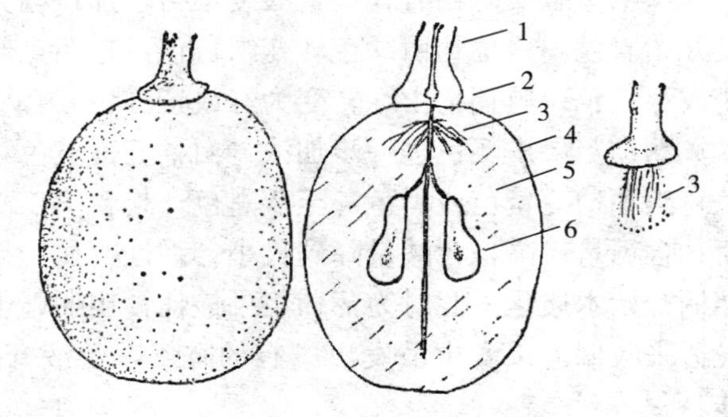

图 7-4　葡萄的浆果

1. 果梗　2. 果蒂　3. 果刷（维管束）
4. 外果皮　5. 果肉　6. 种子
（吴景敬，1982）

鲜食爽口，但成熟前久旱遇雨易裂果。果皮外附着的果粉（蜡质层）对浆果有保护作用。

果肉的质地可分为脆、软、多汁、少汁、细嫩、粗糙和有无肉囊等，一般优良鲜食品种要求果肉较脆而细嫩。

浆果中最多含有种子4枚。为了食用方便，无核或少核的品种，是世界葡萄生产与消费的新趋势。在生产中，葡萄普遍采用扦插、嫁接等无性繁殖方法育苗，作为种子其繁殖意义已经失去，但在常规杂交育种中还利用其繁殖特性选育新品种。

果皮、果肉与种子是否容易分离因葡萄种群与品种而异，对鲜食品质有一定的影响。美洲种或欧美杂交种葡萄果皮与果肉易分离，欧洲种葡萄果皮与果肉不易分离，世界上只有东亚部分国家，如中国、日本等消费者将果皮与果肉易分离的品种（如巨峰、京亚、醉金香等）作为鲜食品种，其他国家或地区的消费者仅把果皮与果肉不易分离的品种（如无核白、红地球等）作为鲜食品种，但随着世界经济一体化的发展，过去以巨峰为主导葡萄品种的消费群体也逐渐接纳无核白、红地球等品种，可谓兼收并蓄。

葡萄含有大量的营养物质（表7-1），是人体发育所必需的；特别是近年来研究发现，葡萄及葡萄酒中含有一种称为白藜芦醇的物质，能有效预防和治疗心血管疾病，降低血液中的胆固醇含量，同时预防细胞癌变。

表7-1 葡萄果汁中的成分

（以体积的百分含量计算）

名称	含量（%）	名称	含量（%）
水	70～80	残留物	0.01～0.02
碳水化合物	15～25	矿质化合物	0.3～0.5
葡萄糖	8～3	铝	微量～0.003
果糖	7～12	硼	微量～0.007
戊糖	0.08～0.2	钙	0.004～0.025

（续）

名称	含量（%）	名称	含量（%）
果胶	0.01～0.1	氯	0.001～0.01
环己六醇	0.02～0.08	铜	微量～0.000 3
有机酸类	0.3～1.5	铁	微量～0.003
酒石酸	0.2～1	镁	0.01～0.025
苹果酸	0.1～0.8	锰	微量～0.005 1
柠檬酸	0.01～0.05	钾	0.15～0.25
单宁类	0.01～0.1	磷	0.02～0.05
含氮化合物	0.03～0.17	铷	微量～0.001
蛋白质	0.001～0.01	硅酸	0.000 2～0.005
氨基酸	0.17～0.11	钠	微量～0.02
酰胺	0.001～0.004	硫	0.003～0.035
氨	0.001～0.012		

葡萄果皮中含有多种色素，构成了葡萄的各种色泽，具有很大的营养作用，酿酒过程中，葡萄带皮发酵，葡萄皮中的营养物质没有损耗。鲜食葡萄时，吃葡萄吐皮的习惯其实是一种很严重的浪费。

4. 葡萄落花落果的原因与预防

（1）葡萄落花落果的原因　葡萄不同品种坐果率差别很大，如巨峰为13.4%、新玫瑰为31.1%、早生康贝尔为36.3%、玫瑰露为43.2%。葡萄正常开花坐果必须满足营养、温度、湿度和光照的要求。树体贮存的营养不足，花器官的发育和分化受到抑制会引起胚珠发育不良而中途败育，导致不完全花增多。葡萄开花对温度的要求非常严格，在适宜温度范围内，气温越高，开花越早，花期越短，坐果率高；开花期如果遇到阴雨或低温天气，不仅花期延长，而且授粉受精过程受阻，坐果率显著降低，大量产生不受精的无核小果。

葡萄落花落果是自然疏花疏果的生理现象。如果生理落果过少，势必引起超量结果，还需进行人工疏花和疏果；但是，生产中确实存在落花落果过多，造成严重减产的现象，其原因有：

①先天性遗传性。日本冈本五郎（1984）研究发现，巨峰、先锋等四倍体品种异常胚珠率占75%～85%，他认为胚珠异常率高，是造成大量落花落果的遗传因素。

②树体营养贮藏与分配失衡。葡萄开花期是树体营养临界期，而此时上一年树体内贮藏的营养已经用完，当年新梢叶片制造的营养不仅需要维持新梢本身生长发育，还要供给开花坐果，如果该阶段缺乏开花坐果所需的足够营养，易导致授粉、受精受阻。巨峰等葡萄品种二次果往往坐果良好，主要原因是避开了树体营养临界期。

③不合理栽培技术。如上一年超量结果，浆果采收过晚，或果实采收后粗放管理，病虫害防治不力，导致早期落叶，引起树体贮藏营养严重不足，都不利于次年开花坐果。盲目施用激素及氮肥也可导致不良坐果。

④气候异常。如遇连续浓雾、阴雨或降雪（弱光、短日照）、高温及低温等特殊气候条件，对设施葡萄花器官分化和生长有严重影响，影响正常授粉和受精进程，导致大量落花落果。

（2）防止落花落果提高坐果率的措施 针对葡萄落花落果，要从科学选择品种入手，实行科学管理。

①品种选择。首先选择易自然结实的品种，如维多利亚、87-1、光辉、夕阳红、状元红、红地球、美人指、意大利、秋黑等；其次选择经过栽培手段容易诱导结实的品种，如京亚、金星无核、早红无核、无核寒香蜜、着色香、醉金香、先锋及翠峰等，这些品种通过激素辅助处理后，结实良好。

②完善栽培技术。花前花期开展赤霉素等激素处理，提高坐果率（详见下文），确保产量，是目前最为有效的措施。

改良土壤，增施有机肥，减少氮肥施用量，平衡树势；科学设计株行距，合理留枝；控制留果量，促进花芽分化，提高花器质量；实行花前重摘心、结果母枝环状剥皮（环剥宽度3～5毫米）、扭梢等作业，暂时阻止营养向下输送而流向花序；加强病虫防治，保持叶片活力，增强光合效率，保持树体合理营养水平。

③改善保护设施环境。开展地面覆反光膜及灯光补光措施；改进设施保温及升温能力，安装保温被、热风炉等，提高温度，增加热量；安装放风器、卷膜器等通风控制装置，做到通风、降温迅速及时有效。

5. 影响葡萄着色的主要因素 葡萄着色不仅主要与品种自身特征（遗传性）相关，还与环境因素及栽培措施等相关。

（1）光照 光是葡萄光合作用的主要因子，对糖的积累发挥积极作用。中川等（1957）研究表明，甲州葡萄只有当还原糖的积累达到8%左右时才开始着色，因此光照对葡萄色素发育的影响是间接的。但Kliewer研究黑比诺品种色素发育时发现，高光照（26 900～53 800勒克斯）比弱光照（5 380～10 760勒克斯）色素含量浓度高。由此可见，无论直射光着色品种还是散射光着色品种，直接接触强光照对色素积累、浆果成熟有良好的作用。

（2）温度 葡萄成熟期的环境温度影响浆果的色素形成。高温使色素形成受阻，着色困难。葡萄着色，除与糖度积累水平相关外，还与温差相关，温差大有利于着色。Kliewer（1970）等以人工控制环境温度进行研究，发现白天20℃，夜间15℃的昼夜温差促进绯红、黑比诺等品种的色素发育。因此在设施葡萄发展中，选择葡萄成熟时气候冷凉、设施内昼夜温差大的时期是必要的。

（3）土壤特性 土壤黏重，通气性差，影响果实着色；沙质壤土，既有利于土壤透气，又有利于光反射，有利于葡萄着色。土壤田间持水量大，不利于糖分积累与果实成熟；相对旱一些，对葡萄着色有利。土壤肥沃，尤其氮素供应过量，造成营养生长旺盛，糖积累慢，果实成熟推迟，色素发育不良。

（4）栽培措施

①控制产量。结果过多，导致树体营养供应不足，糖度积累没有达到一定水平，果实不易着色。目前，我国巨峰等葡萄产量一般控制在 1 000～1 500 千克/亩，以利于浆果着色。日本把巨峰产量控制在 1 000 千克/亩之内，促进着色，提高品质，值得我国学习借鉴。

②光的合理运用。葡萄架式、朝向、枝梢密度、绑缚及摘心处理是否合理及品种叶片大小等因素影响光的分配与利用，对葡萄色泽发育构成影响。果实采收前，摘掉遮挡果穗的老叶，能够促进着色。葡萄套袋后改善了光作用的微环境，有利于果穗均匀着色（彩图 7-2）。设施葡萄地面覆反光膜，后墙挂反光幕等增加设施内反射光，有条件的也可以用电灯补光；设施薄膜阻挡部分自然光，应每年更换新膜，非降雨地区在葡萄着色季节，可以临时去棚膜，而季节降雨地区在葡萄着色期探索可动式棚膜的安装，晴天打开，雨天关闭，达到充分利用自然光，促进浆果着色的目的。

③科学利用温差。在冷凉地区栽培葡萄，开展促早与延迟栽培对果实色素的形成与糖分的积累效果好，而促成栽培中，依据促成设施的差异，品种成熟期的不同，着色也有很大的差别，应充分利用这一优势。如沈阳等地区开展无核早红（86-11）葡萄大棚促成栽培时，果实进入 7 月初成熟，昼夜温差小，上色差，而通过日光温室促成栽培时，果实在 6 月初或更早上市，此时昼夜温差大，浆果着色浓郁。在南方高温、生长期长的地区，冬季温差大，冬果着色明显优于夏果。

④植物激素的应用。喷施乙烯利可显著促进着色。也有报道表明，葡萄转色期以后喷施脱落酸（ABA）处理同样促进浆果着色。

⑤田间管理。多施有机肥，提高土壤透气性，减少灌水量，能促进葡萄着色。减少氮肥施用量，控制副梢生长，对结果枝或主干环状剥皮等加速营养回流措施能有效促进葡萄着色。

选用不同的砧木对着色亦有影响。

6. 南方葡萄二造果（冬果）**生产**（彩图 7-3） 葡萄二造果生产或称冬果生产，是发挥南方秋冬季丰富的光、热资源优势，利用葡萄具有多次结果的习性，在秋冬季生产葡萄以弥补市场空缺的实用技术。

（1）二造果（冬果）特点 坐果率高，果穗紧凑，外观漂亮；果粒略小，香味浓郁，易着色，果肉硬，果皮略厚，易贮运，发育期也短。

（2）选择易成花且适合当地无霜期的品种 通过日本、我国台湾及广西等地多年的生产经验表明，巨峰及巨峰群品种易成花，是冬果生产的首选品种；近几年在我国南方试验发现，维多利亚、粉红亚都蜜等品种也易成花，且比巨峰早熟，在无霜期相对短的地区或无霜期较短的设施类型有生产优势。

（3）产量控制 为了实现冬果上市，可适当压缩夏果产量，相应增加冬果产量。三年生以上的植株，夏果亩产量控制在700～800 千克，冬果亩产量控制在 1 000～1 200 千克为宜。

开展冬果生产应科学利用避雨、修剪、催芽、套袋、覆膜及多施有机肥等辅助手段，确保冬果的产量与品质。

7. 葡萄裂果的预防 葡萄裂果（彩图 7-4）主要发生在浆果始成熟期（即转色期），前期长时间干旱，偶遇暴雨或灌水量大，导致土壤水分和设施内空气湿度剧烈变化，致使浆果大量吸水，造成果实内外膨压过大而产生裂果。不同品种裂果发生部位有差别，有的在果蒂部位产生月牙裂，或在果面产生月牙裂及纵裂（图 7-5）。一方面裂果导致果汁外溢，引来蜂、蝇及其他昆

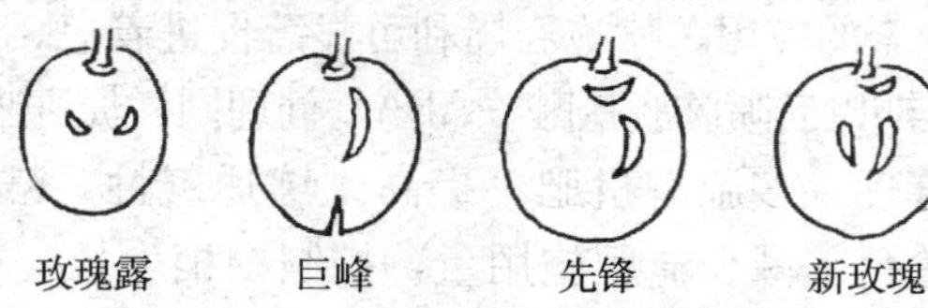

图 7-5 葡萄裂果部位

（片冈繁也，1995）

虫吸吮果汁，造成浆果不能食用，另一方面裂果易导致微生物侵染，果穗溃烂。防治方法有：

（1）品种选择 首先从选择品种入手，从根本上防止裂果产生。观察发现葡萄品种红地球、维多利亚、粉红亚都蜜、京亚、光辉、巨玫瑰、状元红、夕阳红等不易裂果，乍娜、早玉等易裂果。

（2）栽培措施

①采用设施栽培。设施栽培可有效防止雨水对葡萄的冲刷，能直接避免或减轻裂果发生。

②采用合理的灌溉方式。膜下滴灌能保持土壤湿度的均衡与稳定，减轻裂果发生，一曝十寒的灌溉方式应避免。

③慎重开展激素处理。无论是赤霉素还是葡萄膨大剂等其他激素处理，都能增加葡萄裂果，应尽量避免或减少激素处理。

④果穗套袋。果穗套袋虽然不是防止葡萄裂果的直接方法，但能减轻裂果的危害，因为果实套袋，能防止外界病菌从裂口处侵染，保全裂果及周边好果的安全。同时套袋也能减轻葡萄白粉病所导致的裂果发生。

二、葡萄疏花序与花序整形

1. 疏花序 疏花序和花序整形是调整葡萄产量，达到植株合理负载量及提高葡萄品质的关键技术之一。要想取得优质浆果，必须严格控制产量，我国设施葡萄每亩的标准产量应该控制在1 000～1 500千克。

（1）疏花序时间 对生长势偏弱，但坐果较好的品种（如维多利亚、粉红亚都蜜、香妃、金星无核等），原则上应尽量早疏去多余花序，通常在新梢上能明显分辨出花序多少、大小的时候一次进行，以节省养分并提高功效；对落花落果严重的品种（如京亚、醉金香以及玫瑰香等），应分两次完成，第一次操作时间同生长偏弱坐果较好的品种，但要多预留30%左右花序，待落花落果严重的品种经过激素等诱导处理，看清坐果效果后（花后

15～20天，果粒黄豆粒大小时，与疏果同时进行），再将坐果不好及多预留的部分果穗疏去。

部分地区设施葡萄花期温度往往较低、光照弱，花序发育时间长，可根据实际情况分批疏花序。

（2）*疏花序要求* 根据设施类型、品种特点、树龄、树势等确定单位面积产量指标，然后把产量分配到单株或单位面积架面上，再进行疏花序。一般对果穗重400克以上的大穗品种，原则上短细枝不留花序，中庸和强壮枝各留一个花序。个别空间较大、枝条稀疏、强壮的枝可留2个花序。疏除花序应按照如下方面和顺序：

①新梢强弱。细弱枝→中庸枝→强壮枝。

②新梢位置。主蔓下部离地面较近的低位枝→主、侧蔓延长枝→结果枝组中的距主蔓近的下一年留作更新枝。

③花序着生位置。与架面铁线或枝蔓等交叉的花序→同一结果新梢的上位花序。

④花序大小与质量。畸形花序→伤病花序→小花序。

我国设施葡萄疏花序工作刚刚得到认识，而日本很久以前针对不同品种，不同的栽培方式已经有比较明确的标准（表7-2），值得参考。

表7-2 葡萄疏花序标准（长野县）

品　种	1 000米^{2}产量（吨）	穗重（克）	果穗数量（1 000米^2）	果穗数量（3.3米^2）
巨峰（露地）	1.5	400	3 750	12～13
巨峰（温室）	1.4	350～400	3 500～4 000	12～13
先锋（无核化）	1.5	450～500	3 500	10～13
玫瑰露（无核化）	1.5	110～150	10 000～13 600	33～45
奈格拉（Niagara）	2.0	250	8 000	27

注：摘自日《果实日本》1995.5

2. 花序整形 花序整形是以疏松果粒、加强果穗内部通透性、增大果粒和提高着色率为主要出发点，达到规范果穗形状，利于包装和全面提高果品质量的目标。因此，花序整形已成为当前设施葡萄生产不可缺少的一道工序，要求通过花序整形，使葡萄穗形成整齐一致的短圆锥形或圆柱形等。

首先，对大穗、分枝多且坐果率高的品种（红地球、秋红、里查马特、龙眼等），花前1周左右先掐去全穗长1/5～1/4的穗尖，初花期剪去过大过长的副穗和歧肩，然后根据穗重指标，结合花序轴上各分枝情况，可以采取长的剪短、紧的“隔2去1”（即从花序基部向前端每间隔2个分枝剪去一个分枝）办法，疏开果粒，减少穗重，达到分枝形要求（图7-6）。

其次，对巨峰等坐果率较低的葡萄品种，花序整形时，也先掐去全穗长1/4～1/5的穗尖，再剪去副穗和歧肩，对大花序再从

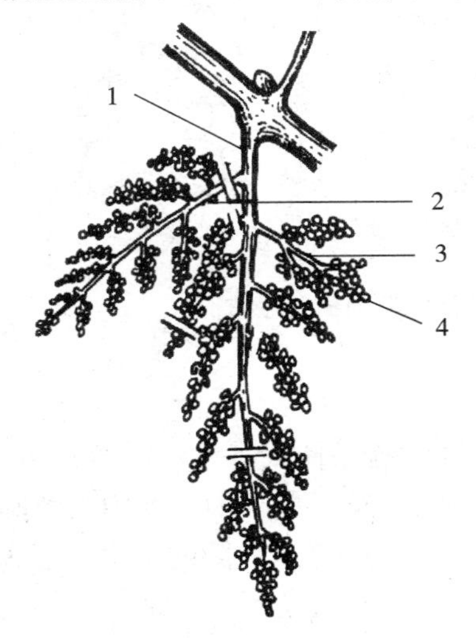

图7-6　坐果率高的分枝形花序品种整形
1. 花序轴　2. 花序副穗
3. 花序分枝　4. 花蕾
（严大义，2005）

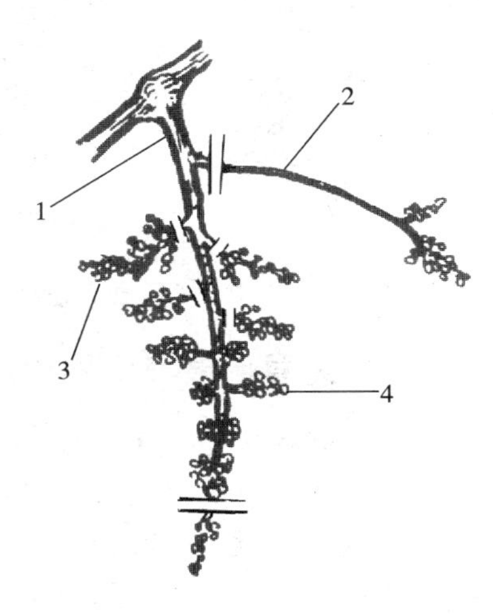

图7-7　坐果率较低的品种花序整形
1. 花序轴　2. 花序副穗
3. 花序分枝　4. 花蕾

上部剪掉花序大分枝 3～4 个，尽量保留中部花序小分枝（图 7-7），使果穗紧凑，并达到要求的短圆锥形或圆柱形标准且果穗重量较一致。

对于通过激素实现无核化栽培的葡萄品种，如巨峰、京亚、醉金香、先锋等（含巨峰群三倍体品种如 86-11 及夏黑等），花序整形时仅保留顶端部分 3.5～4.0 厘米（图 7-8），激素处理结束后再通过疏粒把果穗控制在 400～500 克。

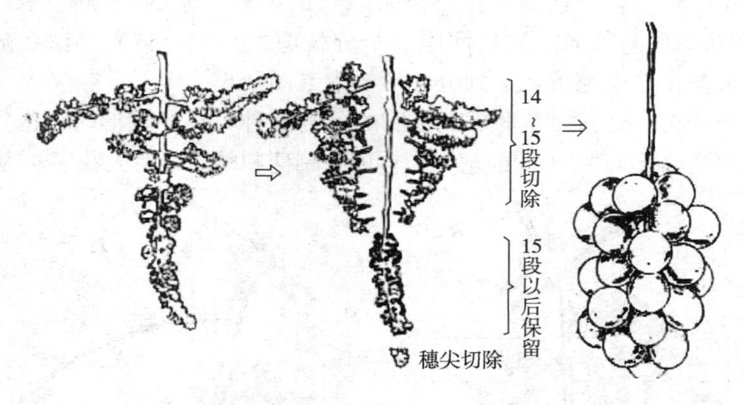

图 7-8　需激素处理的巨峰群葡萄花序整形

三、葡萄疏果与果穗摆位

1. 葡萄疏果（彩图 7-5）　通过疏果使果穗大小符合规范，是果穗整形的目标，达到穗形整齐，果粒及果穗大小均匀一致的目的，是提高设施葡萄商品品质的重要措施。果穗过于紧密，病菌容易滋生，不利于管理，同时容易导致着色不匀，疏果也是调节穗重、控制产量的有效途径。

疏果时间一般在花后 2～4 周，即果粒达到黄豆粒大小时进行，当然早疏果对浆果膨大有益。操作中，首先疏除畸形果、有核栽培时的无核果（呈圆形，果柄细）与小果，然后根据穗形和穗重的要求，选留大小均匀一致的果粒。同时为了使果粒排列整齐美观，要选留果穗外部的果粒。由于单纯的疏果去粒比较繁琐，生产上对大果穗品种（如红地球等）常用疏支穗的数量来控制大部分疏果量（参见上文花序整形），单纯的疏果粒仅是补充。原北京农业大学葡萄教研组对我国部分鲜食葡萄品种疏果与品质的关系进行研究，确定了合理的疏果标准（表7-3）。田勇（2001）

表7-3 一些鲜食葡萄品种每果穗留果量与果实品质指标

（北京农业大学葡萄教研组，1991）

品 种	每穗果粒数（个）	平均单穗重（克）	平均单粒重（克）	含糖量（%）
牛 奶	80～90	500	6	13～14
玫瑰香	70～80	350以上	5	16～17
乍 娜	50	300	6	15～16
巨 峰	35～40	350以上	10	15～17

研究红地球葡萄的疏果标准是，单穗重700～800克，单粒重12克，每穗50～60粒；辽宁省文选牌有机巨峰葡萄（2005），每穗留果35粒，单粒重10～11克，单穗重350克，果穗呈短圆锥形，利于包装，每箱（规格为300毫米×300毫米×100毫米）5穗约重1 750克；杨治元（2000）研究藤稔葡萄疏果时总结出，欲生产16～18克的大果，每穗留果粒数应控制在35～40个；欲达到14～16克大果，单穗重应控制在50粒左右。

日本巨峰葡萄的疏果标准是，单穗重350克左右，单粒重12克，每穗30粒，如果用一个15段组成的果穗模型来表示的话，从上到下为4-4-3-3-2-2-2-2-2-1-1-1-1（图7-9），对其他品种的疏果与产量控制标准，可参考表7-4。

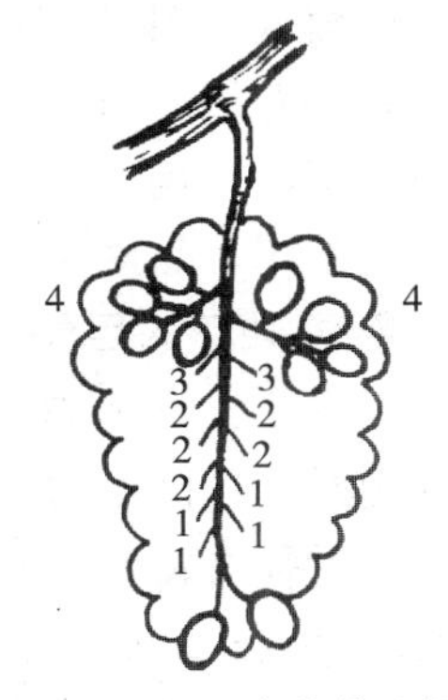

图7-9 巨峰葡萄疏果

（柴寿，1986）

表 7-4 葡萄疏果与产量控制标准（香川县）

品　种	1 000 米^{2}产量（吨）	穗重（克）	着粒数	3.3 米^{2}果穗数量
玫瑰露	1.2～1.5	100～120	90	40～45
新玫瑰	2.0～2.2	450～550	65	16～18
蓓蕾 A（无核化）	1.8～2.0	350～450	65	17～19
先　锋	1.4～1.6	450～500	30	10～12

注：摘自《果实日本》1995.3

2. 果穗摆位 通过疏花序，部分位置不好的花序已经被淘汰。而葡萄坐果后由于果穗的生长，重心的下移，枝梢的引缚等，果穗相对位置又发生了变化，还要认真检查果穗在架上的位置，发现夹在钢丝线、绳索、枝蔓等中间的果穗，要及早解除，使其呈自然垂直状态，以利今后果穗发育与管理（激素处理、套袋、采收等）。果实长大后再就不能强求理顺了，否则极易伤害果穗，影响果穗外观。

四、葡萄激素处理

生产中采取花果喷施激素，调节坐果、促进果粒增大，生产出优质葡萄（彩图 7-6），经济效益能成倍地增长。目前葡萄上常用的激素有如赤霉素（含美国奇宝）或吡效隆（CPPU，葡萄膨大剂）等，市场上使用的往往是上述产品的复合剂型，具体使用方法可参照产品说明。

1. 激素处理的目的

（1）调节坐果　首先，赤霉素等激素能明显提葡萄高坐果率，巨峰群葡萄使用时间在盛花末期处理，效果非常显著。如设施内京亚葡萄盛花末期经过激素处理，促进了坐果；着色香葡萄在花前 10 天左右处理，有利于坐果。

其次，赤霉素等激素能拉长葡萄花序，拉长花序也是变相的疏果，处理时间为花前 5～12 天至盛花期这段时间，目前，红地球、无核白鸡心等品种应用较多。部分品种调节坐果处理参见表7-5。

表7-5 葡萄激素处理方法（供参考）

葡萄品种	药剂名称	次数与浓度（毫克/千克）	使用时间	主要作用
巨峰、京亚、藤稔	赤霉素	①25 ②25	盛花末期 第一次施药后10～15天	促进坐果 促生无核 增大果粒
夏黑、86-11	赤霉素	①25 ②25	盛花末期 第一次施药后10～15天	增大果粒
红地球	美国奇宝	①5 ②25 ③25	开花前12～15天 盛花末期 第二次施药后10天	拉长花序 增大果粒 增大果粒
金星无核	赤霉素	①100 ②100	盛花末期 盛花后10～15天	拉长花序 增大果粒
无核白鸡心	赤霉素 或美国奇宝	①20 ②40	盛花末期 盛花后10～15天	拉长花序 增大果粒

（2）诱导单性结实　赤霉素等激素能诱导葡萄单性结实，生产无核浆果，对于巨峰群葡萄发挥作用的时间是在盛花期或盛花末期。处理晚有核果多，处理早无核效果明显，但易导致果穗变形，即“虾”形果穗，同时僵果（小青粒）增加，大小粒现象严重，影响浆果外观品质及耐运输能力。为了提高无核化效果，可添加100微升/升农用链霉素。

（3）增大果粒　赤霉素等激素具有促进细胞分裂、果实膨大的效果。于葡萄开花前10多天至坐果后15天，对花序或果穗喷布细胞分裂素（如赤霉素、6-BA、CPPU），促进细胞分裂，增加细胞数量；于坐果后15天至果实成熟前30天，对果穗喷布1～3次赤霉素（或美国奇宝），促进果肉细胞体积膨大，增大单细胞体积，从而达到增大果粒的目的。葡萄激素处理增大果粒，使用方法如表7-5。

2. 处理时间 根据处理目的不同选择合理时间。以拉长花序达到疏果为目的，应在花前处理；巨峰群葡萄以调节坐果诱导单性结实为目的，应在盛花末期；而以果实膨大为目的，应在花后10天左右处理。错过这段处理时间，将不发挥作用或作用微小，甚至出现副作用，如果穗变形。具体到一天中，早晨或傍晚避开炎热的中午效果好，温度低能降低药剂的蒸发速度，增进药剂吸收利用。

设施葡萄往往花期较长（尤其在日光温室内），激素处理应分批次进行。对已经处理的花序（或果穗），应单独标记，避免遗漏或重复处理；在日本，处理药剂中往往添加染色剂来分辨花序是否已经处理，我国许多地方用记号笔在已处理花序的穗轴或枝条上画记号，或在已处理花序的对面叶片剪个缺口作标记也很方便。

3. 处理方法 采用蘸或喷的方法，能够均匀润湿花序或果穗即可，蘸的效果比喷略好，果穗发育到一定程度喷施处理更方便。饮料瓶割下瓶口部分，可作为蘸药的容器，随着花序或果穗的发育随时更换。浇花用的小型喷雾器，可用来喷花序或果穗。为了提高处理效果，在药液中可添加微量洗衣粉等展着剂。

4. 激素处理的注意事项 葡萄经过激素处理，可以人为调节坐果和增大粒重，达到生产优质果的目的。但激素处理不当也往往有副作用出现，如果穗变形、裂果增加、果粉较薄、浆果的耐贮运性下降等现象，为此应注意下列问题。

（1）合理选择药剂浓度 根据品种对激素的敏感程度不同、处理目的差异，合理选择药剂浓度。如在促进浆果膨大处理中，巨峰群葡萄对细胞分裂素非常敏感，使用两次浓度为10～25毫克/千克的赤霉素处理可达到理想效果，如增加浓度，穗轴容易纵裂、变形和硬化，果实品质降低；而金星无核在50～100毫克/千克的范围内处理，穗轴没有不良反应。

（2）保持平衡的树相　激素处理作用的发挥应以良好的树势为基础，在强壮的树体和果枝上施药效果好，弱树弱枝效果差（如坐果率低等、果穗小及果粒小等），甚至产生副作用。经处理的树体，应巩固充足的土壤肥力，并加强枝梢及花果管理，增加营养积累。

五、葡萄果穗套袋或“打伞”

葡萄果穗套袋（彩图7-7）或“打伞”已成为葡萄栽培生产中，对果穗实施空间隔离，保持果实健康发育的必不可少的技术环节。

1. 葡萄套袋或“打伞”的作用

①防止农药污染和残留，提高食用安全性。

②避免机械磨伤和灰尘，提高果面光洁度，提高浆果等级。

③阻止暴雨、冰雹、沙尘暴和鸟兽等侵袭，减少病虫侵害，达到稳产的目的。

④改善果面微气候，调整果品着色，提高经济效益。

2. 葡萄果实袋的结构特点　葡萄袋一般是由专业企业生产的不同材质袋。根据葡萄品种特点、果穗大小，果袋规格也不尽相同，如目前市场上有巨峰袋、红地球袋等；同时根据纸质性质、材料及颜色（深色防日烧，彩图7-8）等，果袋透光性、寿命差别也很大，生产中应合理选用。近年来塑料袋（彩图7-9）也开始应用于葡萄生产，效果与纸袋相当，但造价低廉很多。

葡萄纸袋结构特点如下：

从结构特点上看纸质果袋要求一端开口的同时，下部有计划地预留2个通气孔，上部一侧嵌入了用于封闭袋口的铁丝（图7-10）。纸质本身还

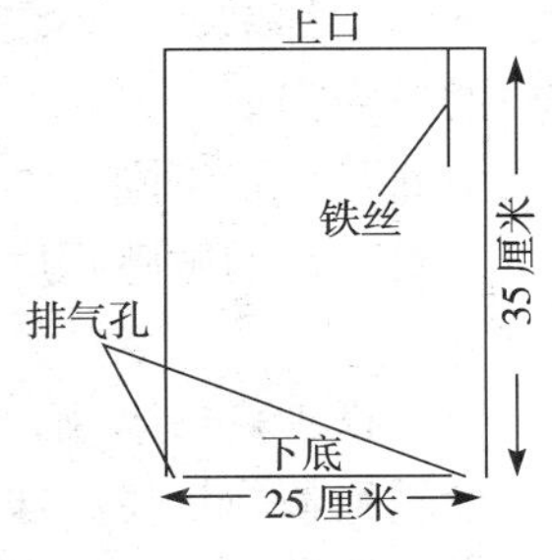

图7-10　葡萄纸袋结构

具有防雨性和足够的透气性，有的还在制作过程中添加了药剂，起到保护果穗免受病菌侵染的作用。

塑料袋下部是开口的，上部两侧有凸起的部分，用于结扎固定，长宽规格参考纸质袋。

3. 葡萄果实袋的选择 目前，果袋种类很多，应针对自己实际情况合理选择。

（1）*要求专用纸袋或塑料袋* 专用纸袋的纸张已经通过驱虫防菌处理，纸质牢固，经得起风吹、雨淋、日晒等，在整个生长季不易破裂。

（2）*根据区域选择果袋* 我国葡萄设施栽培区域气候差异大，应根据当地的光照等气象因素因地制宜的选择果袋，不能千篇一律。如西北干旱地区，海拔高，紫外线强度大，许多葡萄品种容易受到日烧的威胁，应选择防日烧的果袋类型，如由有色纸张制作成的果袋；同时西北及东北地区，葡萄着色容易过深，也希望通过果袋来阻止某些光谱来调节；南方高温，果实成熟时昼夜温差小，多阴雨而光照不足，同时台风频发，葡萄病害严重，着色困难，应选择强度好且能促进着色的果袋类型。

（3）*根据品种选择果袋* 如巨峰、夏黑等散射光着色品种，选择白色透明普通木浆果实袋或白色塑料袋即可，不影响果实色素发育，从幼果期套袋直至果实着色成熟，可连袋采收。而对克瑞森无核等直射光着色品种，应选择透光性好又防日烧的果袋类型。不同品种果穗大小差别很大，也应以此为依据选择不同大小规格的果袋类型。

由此可见，不同品种根据其所处区域，果穗大小、果实着色特点及对日烧的敏感程度形成各品种专用袋，如巨峰、红地球专用袋等。

（4）*根据栽培方式、架式与树形特点、果穗着生部位选择果袋* 设施葡萄栽培使光照强度减弱，部分果实不易着色，但日烧轻，可以选择透光好的果袋。棚架栽培等栽培方式使果穗见光差，也可以选择透光好的果袋。

4. 葡萄套袋技术　我国葡萄栽培品种多，栽培方式与技术措施差异大、地域广、气候土壤生态环境复杂，葡萄套袋技术变数较大，不能强求统一，最好使用某种产品前“先试验，后应用”。

①套袋前进行果穗整理和果穗消毒灭菌，如甲基托布津、大生 M-45 等，若 3 天内没有套完，应重新喷布杀菌剂。

②套袋前对葡萄果穗周围的营养枝和副梢应尽量多留，借用它们对套袋果实进行遮阴，以利葡萄幼果逐渐适应袋内高温多湿的微气候。套袋半个月后，视果实生长情况逐渐稀疏套袋果穗四周的遮阴葡萄枝叶。

③套袋时期，南方多雨地区宜早不宜晚，西北干旱地区、高海拔地区可适当推迟到着色前。棚架下庇荫果穗宜早不宜晚，篱架和棚架的立面果穗因阳光直射，应适当推迟套袋。

④套袋前应灌一次透水，提高地面湿度。

⑤套袋应在上午 10 时以前或下午 16 时以后不炎热的时段进行。

⑥套袋时，打开果实袋口，撑开，将果穗前部顺入袋内，果实袋逐渐上提，直到果穗全部装进袋后，保证果穗处于袋的中央，不贴袋壁，预防高温伤害。然后用袋缘铁丝扎固在穗梗上（图 7-11）。

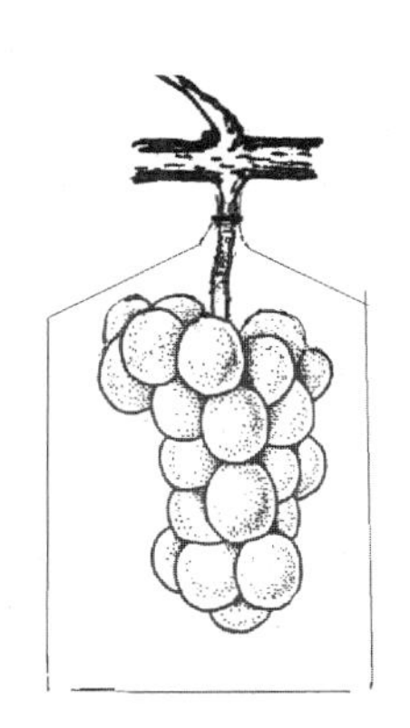

图 7-11　葡萄套袋

⑦套袋后要经常检查套袋效果，发现问题及时处理。

⑧需要摘袋才能达到着色要求（或需要 2 次套袋）的品种，应在开始着色期摘袋或换袋，并进行果穗周围摘老叶和果穗转位等工作，以利于果穗均匀着色。

5. 葡萄“打伞”（彩图 7-10）　葡萄“打伞”主要是在葡

萄摘袋后应用，为了提高果实品质，防止灰尘污染，避免鸟害，促进浆果着色的进一步保护性措施。材料也是白色透明普通木浆纸，在日本，果穗“打伞”在设施栽培中应用比较多（图 7-12）。

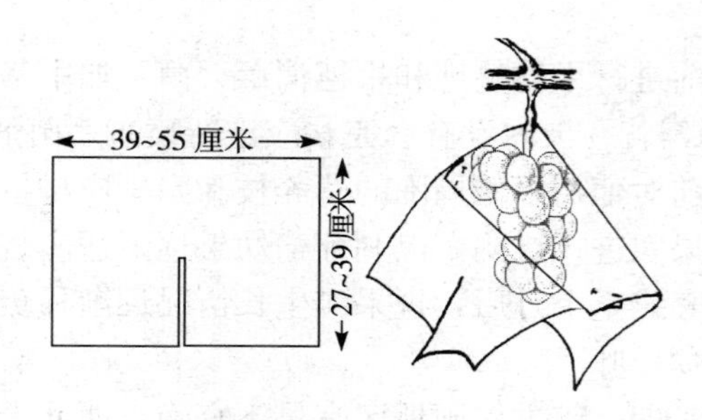

图 7-12　葡萄“打伞”

葡萄前期“打伞”还有促进授粉，提高坐果率和预防日烧的作用，可部分取代套袋。

第八章 设施葡萄温湿度及光照调控

一、葡萄生长发育与温湿度及光照的关系

1. 葡萄生长发育与温度的关系

（1）*温度与葡萄品种选择* 温度（热量）是影响葡萄生长和结果最重要的气象因素之一，它不但影响树体的发育速度，生育期长短，也影响葡萄的产量和品质，而且限制了葡萄品种的分布范围。葡萄属暖温带植物，生长期要求较多的热量，通常用活动积温或有效积温来表示，活动积温是指葡萄在某时期内活动温度的总和，而有效积温是指葡萄在某一生育期（如萌芽至开花或从萌芽至浆果成熟）等于或大于10℃日活动温度的总和。葡萄生育期（从萌芽至浆果成熟）需要的日平均气温在10℃以上的有效积温，因品种不同有很大差异。应根据各地区葡萄设施的年有效积温来选择葡萄的品种。具体了解某一地区的某种设施有效积温和某一品种对有效积温的要求之后，就可以大致推断出该品种在某地区进行设施栽培的可能性。也可根据某一个品种的成熟期选择品种，但要以当地某种设施类型所选择的一个适合品种的成熟期等资料为参照，如在各地区广泛栽培的巨峰、红地球等。

（2）*葡萄不同器官生长发育对温度的需求* 温度对葡萄萌芽、生长、开花结果、果实成熟及品质都产生重要影响。

当早春地温达到7～10℃时，葡萄根系开始活动，植株出现伤流，说明树体已经活动，土壤温度达到25℃时，根系生长

迅速。

气温达到10～12℃时，葡萄开始萌芽，刚萌动的芽可忍受－3～4℃的短暂低温；而嫩梢幼叶在－1℃时就会受到冻害；新梢在25～30℃时，最有利于生长及花芽分化。

气温在25～28℃，最有利于葡萄的开花和授粉、受精。开花期间如出现低于14℃的温度，葡萄就不能正常开花和授粉受精。花序在0℃即受冻害。

葡萄浆果成熟期的适宜温度为28～32℃，该温度有利于浆果着色与糖分积累。昼夜温差对葡萄着色有影响，昼夜温差大，果皮容易着色。Kliewer和Torres（1972）对Tokay葡萄品种研究表明，在葡萄着色期，白天温度控制在恒定的25℃，夜间温度分别控制在15℃、20℃、25℃、30℃ 4个处理不等，结果夜间温度控制在15℃、20℃，昼夜形成5℃和10℃温差的两个处理着色良好，而另两个夜温等于或大于昼温处理的着色不良，其中夜间温度控制在30℃的处理基本不着色。

叶片在25～30℃时光合作用最强（图8－1），大于30℃时光合速率明显下降，葡萄露地与温室栽培结论一致，且温室葡萄光合速率低于露地，这与温室内光照减弱有关。

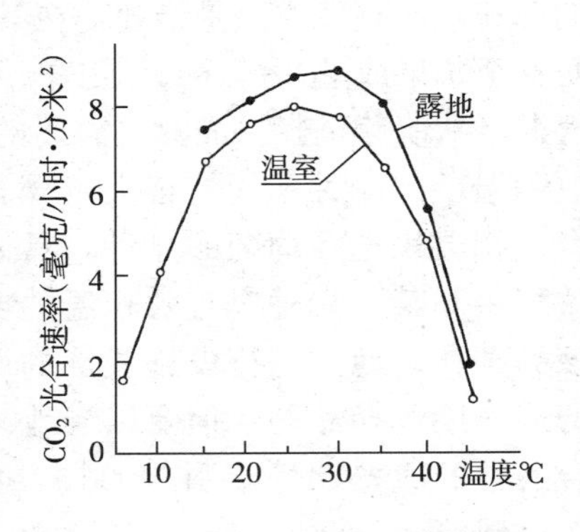

图8－1　温室与露地葡萄不同温度光合速率比较

（Kriedmann 1968，品种为无核白）

大于40℃以上的高温，对葡萄有伤害，叶片及新梢变黄或枯死，果实易发生日烧。

高温能对葡萄果实及叶片造成伤害，影响正常的生长发育，尽管如此，高温对葡萄的危害程度却远远不如低温。低温虽然能对葡萄生长发育造成危害，但葡萄休眠期的低温，尤其是7.2℃以下的低温，对其休眠是不可缺少的，这在设施葡萄栽培中须引起高度重视。

（3）葡萄对低温的需求 葡萄在年生长周期中，需要经过萌芽、新梢生长、开花、结果、浆果成熟、落叶及休眠的过程。伴随新梢生长，由下到上逐渐变黄成熟，其冬芽也陆续进入休眠阶段。

葡萄冬季休眠，即在7.2℃以下的温度持续2～3个月才能萌芽生长，此过程为自然休眠。据天津林业果树研究所试验，对日光温室采取加温、每天揭草帘、整体休眠期覆盖草帘为3个处理。研究结果表明：加温温室处理，温度高，树体没有休眠，结果萌芽晚，花序少及花序发育异常；每天揭草帘处理，日温度变化大，休眠处于不彻底状态，葡萄物候期表现不一致，但能够结果；整体休眠期覆盖草帘处理，设施内温度一直处于稳定的低温状态，满足了葡萄休眠要求，萌芽开花等表现正常。可见设施葡萄需要相对稳定的低温条件，才能充分满足自然休眠需求。

有时自然休眠虽然已经结束，但环境温度仍然很低，葡萄为了适应环境，还得继续休眠，这种现象称作被迫休眠。

品种不同，休眠期长短差异很大。葡萄休眠期对低温的需求，可用需冷量来衡量，一般用7.2℃以下低温达到的小时数量来确定。据天津林业果树研究所的试验，葡萄品种乍娜、早玫瑰、普列文玫瑰及京玉需要700～800个小时的需冷量可通过休眠。据中国农业科学院兴城果树研究所观察，葡萄品种87-1、香妃及京秀等比夏黑、巨峰、巨玫瑰及粉红亚都蜜等需冷量低，日光温室促早栽培可以此为依据适时提早升温。

2. 葡萄生长发育与湿度的关系 葡萄植株中，果实含水量最高达80%，叶片含水70%，枝条含水量也达到50%。葡萄的正常生命活动是在水的作用下完成的，水分供应不足，各种代谢活动将受到抑制，可导致光合作用下降，影响授粉、受精，造成落花落果、果实品质下降。

湿度指空气的含水量，含水量越高湿度越大，达到一定程度，即含水量100%，称为饱和状态。自然界中的空气几乎都是不饱和的，而封闭的设施内相对湿度常出现饱和状态。

水分是葡萄生长发育的必要条件，设施葡萄的湿度取决于土壤含水量，含水量高，湿度就大。由于设施葡萄覆盖塑料薄膜，土壤及植株蒸腾的水分不易散失，这是与露地栽培不同的，尤其在放风等操作不及时的情况下，易造成室内湿度过大，影响葡萄树体发育。

设施栽培由于避开了自然雨水，为人为调控土壤及空气湿度创造了可行性。设施条件下，新梢生长期如果空气湿度过大，棚膜及树体会凝结大量的水珠，影响棚膜的透光性，导致徒长，影响树体光合作用，也易诱发多种病害；花期空气湿度过大或过于干燥，不利于开花、传粉和受精坐果；果实发育期，及时调整水分供给有利于果实膨大及上色成熟；葡萄休眠期调控空气与土壤湿度，有利于树体安全越冬。

（1）设施内湿度变化规律　设施内湿度来源于土壤灌溉水的蒸发和树体的蒸腾及设施外潮湿空气的涌入，设施内的湿度在阴雨天远远低于外界，这是我们预期和需求的。在管理过程中，设施灌溉后应及时通风排出潮气；雨前关闭所有通风口，尽量隔绝潮湿空气，晴天应及时通风，确保较低的湿度环境。

（2）不同发育阶段对湿度的需求指标　葡萄不同发育阶段，对湿度的要求有一定的差别，生产中应按指标调节湿度（表8-1）。

（3）湿度调控技术

①空气湿度调控技术。通风、覆盖地膜、膜下灌溉、升温、地面覆盖或空间悬挂吸湿物。

②土壤湿度调控技术。合理调整灌溉次数与灌水量。

表 8-1　葡萄不同发育阶段对湿度的需求指标表

发育阶段	空气相对湿度（%）	土壤相对湿度（%）
催芽期	90 以上	70～80
新梢生长期	60 左右	75～80
花期	50 左右	65～75
浆果发育期	60～70	70～80
浆果着色成熟期	50～60	55～65
休眠期	50～60	55～65

③通风口管理。雨前及时关闭通风口，避免雨水进入，增加设施内湿度；设施内湿度过大，打开通风口通风驱湿。

3. 葡萄生长发育与光照的关系

（1）*葡萄生长发育对光照的需求*　光是葡萄进行光合作用唯一的能源，是葡萄进行能量和物质循环的动力，葡萄产量和品质的 90%～95%来源于光合作用。葡萄为喜光树种，对光反应敏感。生长前期光照不足影响花芽分化；开花期前后光照不足影响开花与坐果；果实生长期光照不足生长量受到限制，同时也易诱发病害；着色成熟期光照不足影响果实着色与品质。

在葡萄着色对光的需求方面，不同品种表现差异很大。通常巨峰、早生康贝尔、香悦等品种在散射光情况下也易着色，玫瑰香、奥山红宝石等品种只有在直射光下才着色，把前者不需要直射光便可以正常着色的品种称之为散射光着色品种，把后者需要直射光才能着色的品种称之为直射光着色品种。

可见，改善设施光照，合理利用光照，是设施葡萄栽培的关键技术之一。

（2）*光照调控*

①设施本身。设施建筑位置选择应开阔、阳面没有遮挡物，方位要适宜，采光结构应合理，减少遮光骨架及支柱的使用，增加受光能力；保温薄膜应选择以透光率衰减慢的原材料而制成的

塑料膜，使用过程中注意保持膜面清洁，提高透光率。

②栽培技术。选择合理架式，科学设计密度；严格控制留枝数量，及时对枝梢进行引缚，加强副梢管理；实施果穗套袋等改善光照。

③其他措施。适时揭草帘、保温被等保温材料，使用卷帘机等设备可以大大缩短卷帘时间，延长光照；设施内挂反光膜、铺设反光地膜、利用电灯补光等都可增加光照。

二、日光温室的温度调控

设施葡萄栽培的重要措施是温度调控，做得好有利于植株生长，否则，对葡萄有害。

1. 增温及加温 只有封闭的具有一定保温能力的葡萄设施才能开展增温及加温活动。

对于日光温室，每天太阳出来后，卷起草帘、纸被及保温被等保温覆盖物，利用日光辐射使日光温室增温，夜晚盖上保温覆盖物，减少热辐射进行保温；对于大棚为了保温可以在设施内部增加二层或三层膜保温，也能达到早期增温的效果。

为了维持正常温度，在增温过程中连续出现阴天、雾天及雪天等不良天气，应根据需要进行人工加温。加温方法有火炉加温、热风炉加温、电热风加温等，加温的同时应强化日常管理，真正达到加温的预期目的。通过人工加温，确保葡萄提早成熟或延迟采收，解决了葡萄的周年供应问题，可获得良好的经济效益；作为生产者，必须根据市场需求与投资进行成本核算，高投入必须达到高产出的目的，否则，加温耗能就失去了意义。

开展早期加温，往往导致葡萄休眠时间不足，树势逐年衰弱，花芽分化受到抑制等系列问题出现，影响连续结果，这是目前北方日光温室葡萄促早栽培生产中出现的新问题，为此科技工作者正在探索各种更新修剪方法，成为促进花芽分化，实现连续丰产的新手段。

2. 增温与产期调节

（1）北方日光温室葡萄产期调节　日光温室保温效果好，是北方葡萄产期调节的基础性设施。通过早期增温或人为加温及其他生产技术，可实现葡萄周年供应，但主要应用是促早栽培，缓解早期葡萄市场供需矛盾。目前日光温室也开始部分应用于延迟栽培或延迟采收方面。

以沈阳地区为例，该地区为北方葡萄日光温室栽培的发祥地之一，日光温室葡萄面积达到2万余亩，占设施葡萄面积的1/2，通过促成栽培，每年“五一”前后开始向市场供应鲜食葡萄，6～7月进入高峰，8月初促成栽培果实上市结束；采用延迟栽培或延迟采收，果实可推迟到元旦采收；中间结合8～9月份露地葡萄上市，沈阳地区葡萄鲜果市场供应期长达8个月之久。表8-2为沈阳永乐农业经济区无核白鸡心葡萄增温及上市情况，由于当地设施简陋，保温性较差，葡萄上市时间略晚，分布在6～8月份，但主要集中在6～7月份上市，其销售价格早、晚略高，中间集中上市时价格略低，呈正态分布。

表8-2　沈阳无核白鸡心葡萄增温及上市时间表

（沈阳，2006）

增温时间＼上市时间		6月			7月			8月		
		上旬	中旬	下旬	上旬	中旬	下旬	上旬	中旬	下旬
12月	上旬	●	●	●	●					
	中旬		●	●	●					
	下旬			●	●	●				
1月	上旬				●	●	●			
	中旬				●	●	●			
	下旬				●	●	●			
2月	上旬					●	●	●		
	中旬					●	●	●		
	下旬									

（2）大棚产期调节　大棚具有封闭性，也有一定的保温效果，能够起到调节葡萄产期的作用，对葡萄产期调节幅度较小，比普通避雨棚具有优势，南、北方都发展很快。目前大棚主要用于促成栽培，一般可使葡萄提早20～50天上市，为了提高保温效果，人为在内部增加二层或三层膜保温，如地上起拱扣膜，棚内再反衬塑料膜等方法，取得良好效果，可使葡萄进一步提早成熟上市。表8-3为沈阳地区大棚京亚葡萄产期调节情况，通过增加二层或三层膜保温的大棚，6月中、下旬浆果便可上市，而单层膜增温的大棚设施，7月份葡萄才进入销售高峰期，这阶段沈阳露地葡萄还没有上市，葡萄通过大棚栽培，弥补了该阶段市场的空缺。

表8-3　沈阳地区大棚京亚葡萄产期调节

（沈阳，2009）

上市时间 / 大棚类型	6月			7月			8月		
	上旬	中旬	下旬	上旬	中旬	下旬	上旬	中旬	下旬
3层膜大棚		●	●	●	●				
1层膜普通大棚				●	●	●	●		
露地								●	●

注：3层膜大棚为大棚内起拱扣膜和反衬塑料膜。

在我国南方，通过大棚种植早熟葡萄品种，可比同品种露地栽培成熟早15～30天。如云南5月下旬开始成熟，浙江南部6月中旬开始成熟，浙江北部7月初开始成熟，部分早、中熟品种实行两季栽培，二茬果可推迟到10～12月份采收，南方鲜食葡萄市场可从原来的2个多月延长到8个月，缓解了南方市场葡萄紧缺的局面。

目前有许多地区对大棚设施进一步改进，如辽南的熊岳，设施外安装保温材料，通过覆盖草帘、保温被等保温措施，对葡萄产期调整进一步加大，接近日光温室的效果，创造出良好的经济效益，是新动向，其管理特点与日光温室有许多相似之处，可以参考。

葡萄大棚栽培在发挥促成作用的同时，还发挥定向栽培的作用。所谓定向栽培，即按照人们预定时间使葡萄采收上市的栽培模式。在我国，中秋节是葡萄销售的最旺时节，人们把吃葡萄、品月饼、赏秋月作为传统习俗，市场上葡萄销售量是平时的几十倍，而且随着人民生活水平的提高，对高档葡萄品种的需求日趋增大，而大部分高档葡萄品种往往因为露地病害重等原因无法栽培，需要通过设施栽培来弥补。大棚及避雨棚的环境条件能够满足许多高档葡萄品种在中秋节采收上市的需求，且能抵御不良环境条件，针对中秋节市场，高档葡萄生产已经悄然兴起，所选择的品种有玫瑰香、意大利、醉金香、巨玫瑰、夕阳红及状元红等，经济效益有的比促成栽培还高。

（3）日本温室葡萄产期调节　日本葡萄通过玻璃温室与塑料温室或大棚栽培，通过空调或温泉水增温，设施表面基本不覆盖其他保温材料，操作简便，但投资较大。通过提早增温，达到提早采收的目的，每年5～10月初都有鲜食葡萄供应（表8-4）。

表8-4　日本葡萄产期调整表

类型＼月份	12	1	2	3	4	5	6	7	8	9	10	11
A	∩		□			■						
B		∩		□			■					
C			∩		□				■			
D				∩	□					■		
露地						□				■		

备注：A. 超早期加温（12月覆膜）　B. 早期加温（1月覆膜）　□花期∩加温　C. 普通加温（2月覆膜）　D. 半加温或无加温（3月覆膜）　■采收期

（引自 http：//tochigipower.com）

3. 温度调控指标　利用日光温室栽培葡萄，可提早或延迟采收，调节市场供应，提高经济效益。温室内环境温度调控得好坏直接影响着栽培的成败，所以科学合理地调节温室内环境温度，对温室葡萄生产具有重要意义。

（1）休眠期温度调控　葡萄一般需要在≤7.2℃条件下，经过1 000～1 400小时方可完成正常休眠。北方大部分地区自然冷量能够满足葡萄休眠的需求，在温度不能满足葡萄需冷量的地区，可白天覆盖夜间将草帘揭开并打开通风口，人为降温增加冷量，保持温室内温度低于7.2℃，以满足葡萄正常休眠的需求。葡萄休眠期不得进行揭草帘、保温被等升温作业，温度的波动常导致葡萄不能完成正常的休眠过程，表现树势衰弱、减产等。因此，北方日光温室葡萄休眠期不能开展间作，确保株体正常休眠。

（2）解除休眠温度调控　白天揭开草帘，夜间盖帘，以满足葡萄植株发芽生长所需温度。解除休眠阶段，将温度控制在2～9℃，实行缓慢升温。

（3）萌芽期温度调控　缓慢升温，使气温和地温协调一致逐步进行，防止因升温过快导致芽萌发不齐，花序发育不良等。第一周，白天15～20℃，夜间5～10℃；第二周，白天15～20℃，夜间7～10℃；第三周至萌芽，白天20～25℃，夜间10～15℃；从升温至萌芽一般控制在25～35天。一般欧美杂交种葡萄比欧洲种早萌芽3～5天。

（4）萌芽到开花前温度调控　为避免温度过高引起新梢徒长、花器官发育不良等问题出现，白天最高温度控制在20～25℃，夜间维持在10～15℃，不低于10℃。在适宜的温度条件下，葡萄从萌芽到开花需40天左右。

（5）开花期温度调控　多数葡萄品种需在较高温度条件下，授粉、受精才能顺利进行，一般昼夜平均温度在20℃左右时授粉受精较好。因此，花期温度白天应控制在22～26℃，大于30℃时应注意通风换气降温；夜间15～20℃，低于14℃应加温。

(6) 果实生长期温度调控 果实进入生长期后，白天保持25～28℃，夜间20～22℃，不低于20℃。这一阶段应注意天气变化，适时进行覆盖与通风，保证幼果生长在适宜的温度范围内。

(7) 果实着色成熟期温度调控 葡萄开始着色后，白天保持28～32℃，夜间通风降温保持14～16℃，不低于14℃，使昼夜温差达到10℃以上，但若白天出现32℃以上高温时，要及时放风降温。

(8) 果实延迟采收期温度调控 葡萄延迟采收，需要维持树体的正常生命活动。一般温度控制范围，白天15～20℃，夜间大于5℃，应确保叶片及果实不能出现霜害或冻害。

4. 温度调控技术 日光温室温度的调控即包括气温也包括土壤温度的调控，应综合考虑。

(1) 保温技术

①优化日光温室结构设计。包括日光温室朝向设计为南偏西5°；墙体采用异质复合体，内墙采用载热能力强的建材如石头及红砖等，并采取穹形结构增加内墙面积，增加蓄热量；外墙增加建筑厚度，开展堆土及合理选用苯板等现代保温材料等措施减缓热量传导速度，达到保温的目的。

②开展多重覆盖。日光温室后坡可铺设旧塑料及草帘等保温；棚面上可先铺设一层旧塑料，一层纸被，然后再覆盖草帘或成品保温被，墙体内外可各衬一层旧塑料保温。地面应增设地膜保温及反光，有利于设施增温。

③人工加温。加温设施有火墙、热风炉及电热风等，根据气温变化随时选用。从节能方面考虑，尽量不使用人工加温方法为宜。以沈阳地区日光温室葡萄生产为例，当地把自然增温及保温方法，通过优化设施结构，强化冬季覆盖，在非人工加温的条件下，实现了葡萄早春5月初促早上市和12月末严寒季节延迟采收。

(2) 降温技术

①通风降温。是目前广泛采用的最主要降温方法。降温顺序是先放顶风，而后放底风（彩图 8-1），最后再通过后墙通风窗放风降温。通风降温方法，在北方一般是在萌芽后白天大量应用，但有些地区冬季葡萄休眠阶段需冷量不足时，夜晚可通风降温。

②遮阴降温。葡萄休眠期需要遮阴降温，萌芽期也可采用遮阴方法降温，只有此阶段树体不需要光进行光合作用，其他时间都需要光照，遮阴降温方法不能利用。

5. 地温调控技术

(1) 挖防寒沟　在日光温室四周挖防寒沟，深度应超过当地冻土层的厚度，沟内填装苯板等保温材料，防止温室内土壤热传导。

(2) 高畦栽培　高畦面栽培，可充分利用光照，提高土壤温度。据赵文东等观察，在辽宁南部日光温室葡萄高畦栽培，畦高20～40 厘米，土壤温度可提高 1℃，根系可提前进入旺盛生长期，对树体发育有利。

(3) 地膜覆盖　各种色泽的地膜，都能吸收热量而提高地温，最高可提高地温 2℃以上。

三、大棚的温度调控

大棚一般没有增温及加温设施，完全利用自然光辐射提高棚内温度，诱导葡萄生长发育，日照长度及葡萄生长发育各阶段温度等指标与露地基本相同，花芽分化条件基本能够满足，连续丰产性强。温度调控技术比较简单，指标可参见本章日光温室温。

目前，联栋大棚中在生产中有部分应用，该设施除侧面放风外（彩图 8-2、彩图 8-3），上部必须设置放风通道；跨度大于8 米的单栋大棚也应设置顶部放风通道，只依赖侧面通风往往不及时，高温时热量易积累，对树体造成伤害；为了有利于通风，大棚肩高设计一般应在1.5～1.8米为宜，其下部安装0.5～0.6米高的塑料裙围，避免地面放风造成土壤湿度的剧烈变化，在较高的位置最大形成1.0米左右宽的通风道，根据需求，随时通过卷膜器升降控制通风口宽度，达到合理放风的目的。

大棚封闭标志增温开始，应密切关注室内温度变化。而大棚温度变化剧烈，高温时节中午可达40～50℃，而葡萄生长发育的合理室温为25～30℃，高于这一温度范围，对葡萄植株有伤害。根据生产经验，在高温来临前应提早放风，及时检查大棚内温度变化，并根据外界气温变化情况及时掌握放风量的大小。

四、避雨棚温、湿度及光照调控

南方葡萄主要采用避雨栽培，避雨棚应用较多。避雨棚，可分成大避雨棚和小避雨棚两类。小避雨棚，宽度2.0米左右，一行葡萄一个棚；大避雨棚，宽度5.0～6.0米，二行葡萄一个棚。一般避雨棚是非封闭结构（促早栽培封闭式避雨棚温湿度调控可参照大棚），棚内温、湿度受棚外环境左右，无法人为调控，但由于避雨棚覆盖了薄膜，光照受到影响，可开展调控工作。

1. 避雨期棚内光照度变化　南方阴雨多，光照不足，平均日照时数比北方少1 000小时左右，避雨棚或大棚设施内光照又减少25%～35%，南方地理位置纬度低，日较差小，光照弱，导致葡萄树体营养积累不足，影响当年及下一年的花芽分化，这是导致许多欧洲种葡萄品种在南方种植不能连续丰产的真正原因。

2. 合理覆膜揭膜　覆膜时间应根据当地物候期变化决定。目前，多数在葡萄萌芽前覆膜，直至葡萄采收结束全程避雨；目的是为了防病，保护叶片及果实，有的覆膜期更长，甚至全年覆盖。

避雨棚保护了葡萄的正常生长发育，但在避雨条件下，由于光照弱，枝条及叶片存在徒长现象，枝条节间变长，叶片颜色变淡，厚度变薄，花芽分化受到一定的影响。为了增加光照，适度晚覆膜，早揭膜，覆膜期间间断性覆膜等在一定程度上能缓解光照，解决花芽分化差的问题。为此，在避雨棚设计中，应做到棚膜晴天可揭，雨天可放，既要考虑棚膜安装的牢固性，又要考虑其随时揭放的性能，根据当地葡萄的物候期及当地降雨时间适时覆膜揭膜，做到人为调节光照，充分利用光照。

(1) 小避雨棚的中期揭膜方法　小避雨棚，一行葡萄一个棚，棚膜宽 2.0～2.5 米，人为覆膜、揭膜操作还比较方便，揭膜时先拿掉西侧的竹（木）夹，将棚膜推向东侧，使树体在全光照下生长。揭膜阶段应密切关注天气变化，根据天气预报，在降雨来临前及时覆膜，雨后适时揭膜，这样棚膜既起到了避雨作用，又使树体合理的利用了阳光，做到两不误。

(2) 大避雨棚的中期揭膜方法　大避雨棚，棚膜宽 7～8 米，单侧人为移动棚膜较难进行，为此两侧必须安装卷膜装置。晴天，通过卷膜器从两侧向中间卷膜，实现葡萄树体接受阳光的目的。

日本葡萄避雨设施，结构为标准钢管骨架，卷膜器得到应用与普及，可以随时通过卷膜器调节光照。在我国，葡萄避雨栽培刚刚起步，避雨棚还处于以竹木为主体的初级阶段。安装卷膜器，占地面积一亩的避雨棚，投资需 1 000 元左右，经济使用年限在 10 年以上，每年的折旧并不高，有条件的地方应积极尝试，总结经验，发挥示范作用。

第九章
设施葡萄土肥水管理技术

一、葡萄根系生长特性与限域栽培

葡萄根系的功能除固定植株外，主要是吸收水分和营养物质并贮藏积累部分养分。

1. 葡萄根系构成 葡萄根系发达，为肉质根。根据繁殖方法的不同，根系的构成和分布方式形成明显差异。由种子播种繁殖的葡萄实生苗根系，由垂直主根和各级侧根及毛细根组成；由扦插繁殖的葡萄植株（葡萄嫁接苗也是由扦插繁殖开始），其根系没有明显的垂直主根，而从插穗上直接分生出各级侧根，组成了骨干根。

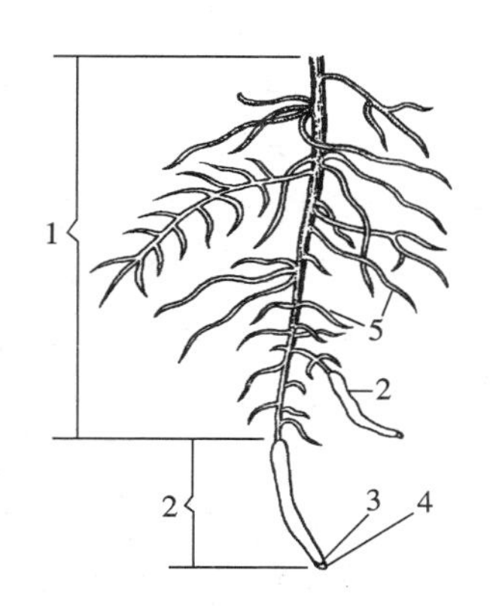

图 9-1 葡萄的幼根
1. 输导部分 2. 吸收区
3. 生长点 4. 根冠 5. 细根
（吴景敬，1982）

着生在各级侧根上的小细根即幼根，它由根冠（包在生长点外部起保护作用）、生长区（生长点 2～3 毫米长）、吸收区（1～2 厘米，其上密被根毛）和输导部分所组成（图 9-1）。

2. 葡萄根系生长特性 葡萄根系的生长是通过根尖分生组织的细胞分裂而完成的。生长周期因气候（温度、光照、降雨）、地域、土壤、品种和栽培方式等不同而表现出差异。

葡萄根系的生长期比较长，在土温常年保持在13～25℃和水分适宜的条件下，可终年生长而无休眠。一般情况下，春、夏和秋季各有一次发根高峰，以春、夏季发根时间长，数量多。研究表明，当土温达到5℃以上，巨峰葡萄根系开始活动，地上部分亦进入伤流物候期；当土温上升到12～14℃，根系开始生长；土温达到20～25℃，根系进入活跃生长的旺盛期；土温超过25℃后，根系生长受到抑制而迅速木栓化或部分幼根甚至死亡。

适宜于根系生长的土壤湿度为田间最大持水量的60%～80%。夏季极端高温会抑制根系生长。秋季，气候转凉，当土壤的温、湿度适宜根系生长时，根系再次进入生长高峰。此后，随土壤温度不断降低，根系逐渐生长减弱直至停止活动。

栽培因素、土壤的水分与养分状况及其有关理化特性，对根系的生长起决定性的影响作用。人工挖栽植沟，合理增施有机肥能够有效地引导根系的生长，人为改变根系的分布；夏季清耕或生草及覆盖能保持土壤疏松不板结，有利于根系的发育；畦面湿润的小环境有利于根系的发育；有灌溉条件，尤其是采用滴灌方式的葡萄园，根系分布浅而集中。在土层深厚、疏松、肥沃、地下水位低的条件下，葡萄根系生长迅速，根量大，分布深度可达1～2米；相反，根系分布浅而窄，根量少，一般在20～40厘米。除此之外，干旱、冻害、pH过高、土壤缺乏某种元素、根瘤蚜与线虫频发等不良因素亦严重影响葡萄根系生长。近年研究与推广葡萄限域栽培，通过人工控制土壤构成因子与气象指标，为葡萄根系的生长提供了合理的生长发育条件。

3. 葡萄限域栽培（彩图9-1） 葡萄限域栽培是利用一些物理或生态的方法，将葡萄的根域范围控制在一定的容积内，通过控制根系的生长来调节地上部的营养生长和生殖生长过程。

（1）限域栽培的主要形式

①堆垄式。在地面上铺垫微孔无纺布或微微隆起的塑料膜后（防止积水），再在其上堆积富含有机质的营养土，呈土垄或土堆

状，然后栽植葡萄（图 9－2）。由于垄的上表面及两侧暴露在空气中，夏季根域土壤水分、温度易受环境影响，应人为适时调控。这一方式操作简单，适合于冬季土壤不结冻的温暖地域各种设施葡萄生产应用，也适合寒冷地区葡萄不用下架埋土防寒的设施栽培内应用。

南方降雨量多的地区，由水田改造的葡萄园，地下水位高，葡萄根系集中在所修的台田内，由于台田是建园时改良的土壤，非常适合葡萄根系生长，这种栽培方式可视为堆垄式限域栽培。

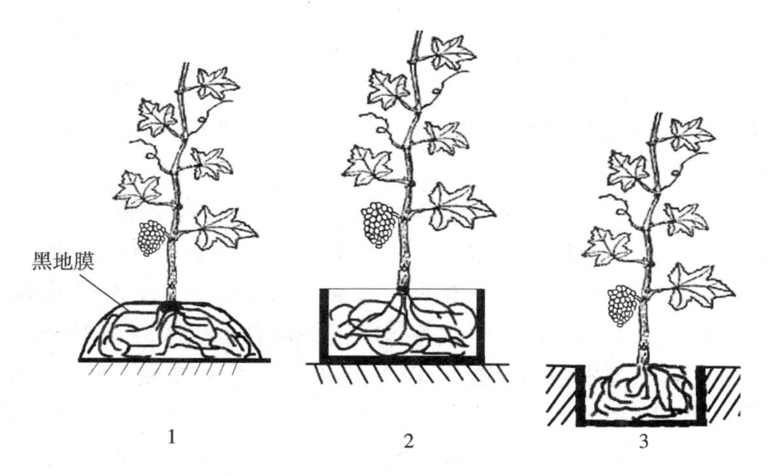

图 9－2　葡萄限域栽培形式

1. 垄式　2. 箱筐式　3. 坑式

②箱筐式。在一定容积的箱筐内填充营养土，栽植葡萄于其中（图 9－2）。缺点仍然是根域土壤水分、温度不稳定，对低温的抵御能力较差，也不适合北方需要培土防寒的设施应用。

多个箱筐连接起来，即形成堆垄式，因此堆垄式与箱筐式有时没有绝对的界限。

③坑式。在地面以下挖出一定容积的坑，在坑的四壁及底部铺垫微孔无纺布等，可以透水，但根系不能穿透隔膜材料，内填

充营养土后栽植（图 9-2）。与垄式、箱筐式相比，坑式根域的水分、温度变幅小，可节约灌溉用水，并可以在冬季需要培土防寒的设施应用。

（2）葡萄限域栽培的优点

①充分利用自然资源，节约土地。在废弃的土地上，充分利用本地区的光照资源与热量资源，选择合理的设施栽培类型和限根方法，开展稀植大架式栽培，尽量少的利用营养土，而充分利用空间，结合休闲观光（彩图 9-2），发挥最佳效应。

②平衡树势，提高果实品质，丰产稳产。由于根系被限定在有效的空间内生长，树体生长得到人为地有效控制，不会出现营养过旺与疯长现象，较易实现营养生长与生殖生长之间的平衡，植株生长健壮而长势均衡，有利于养分积累与花芽分化，提高了坐果率及果实品质，实现丰产、稳产。

③节水、节肥，便于管理。提高了施入土壤内肥水的可控性，避免养分流失，肥水的利用率大大提高，变相节约资源。

（3）葡萄限域栽培营养土的配备　葡萄限域栽培由于根系被控制在一定的容积内，可供树体利用的营养也被限制在固定的范围内，为此苗木栽植前的营养土准备显得尤为重要。通常情况下，无论哪种限域栽培方式，配备有机质含量高的营养土都是有益的。实践中，营养土的配备比例是腐熟有机肥与发酵好的有机物（植物秸秆、稻壳等）和沙壤土三者的比例为 1∶1∶8，效果比较好。

二、设施葡萄土壤管理方法

土壤是葡萄赖以生存的基础。设施葡萄从定植到更新一般需要 10 年或更多的时间，为了维持葡萄的正常生长发育每年都要从土壤中吸收大量的水分和其他营养物质。可见设施葡萄的土壤改良是最基本、最重要的技术措施。葡萄行间、畦面土壤管理有清耕、覆盖、生草等方法，这几种方法各有优缺点，可根据各地气候、土壤及设施类型等特点，选择其中一种或几种综合运用，而且随葡萄株行距、架式及用途等差异而选择应用。

1. 清耕法（彩图 9－3） 葡萄夏季管理比其他果树烦琐得多，不仅耗费了大量的劳动力资源，增加葡萄生产成本，还造成土壤的板结加重，土壤透气性变差，葡萄根系的正常生长发育受到影响，尤其在设施栽培条件下，无自然降雨，人为灌溉只集中在畦面内，行间往往长期干燥，土壤愈加板结。

为了保持全年无杂草状态并维持土壤疏松，需经常进行锄草松土作业，在葡萄栽植畦面及行间结合施肥灌水，每年进行 2～3 次浅翻，深度 20～25 厘米，畦面或树盘浅些，行间略深些；开沟施基肥也是很好的疏松土壤措施，应得到充分重视。

清耕法是我国传统的土壤管理方法。其优点：锄草松土切断土壤的毛细管，减少土壤水分的蒸发消耗，提高土壤蓄水保墒能力；增强土壤通气能力，有利于土壤微生物活动，加速土层内有机质的分解和土壤养分的利用。其缺点：频繁的耕作，使土壤有机质迅速消耗，土壤结构易遭破坏，降低了土壤肥力，而且费工，增加生产费用，因此世界各国提倡生草及覆盖方法管理土壤。

设施葡萄，杜绝除草剂的盲目使用，避免对树体造成危害。

2. 覆盖法

（1）*地膜覆盖*（彩图 9－4） 塑料地膜覆盖能有效地保持土壤湿度，提高地温，提高栽植成活率及加速营养生长；还能增加光反射，促进葡萄着色。地膜覆盖的优点日益突出，使用面积不断扩大，在设施葡萄栽培中成为防止杂草、降低空气湿度和增加光反射的有效方法。地膜覆盖的缺点是易导致根系上返，越冬及抗旱能力受到削弱，应加强管理。

（2）*覆草*（彩图 9－5） 葡萄栽植畦面覆盖一层秸秆，如稻草、稻壳、树叶等有机物，能抑制杂草生长，保持表土疏松，减少水分蒸发，保持土壤湿润，还能吸收设施内空气水分，降低空气湿度。

优点：秸秆等覆盖物就地腐烂能增加土壤有机质，增加土壤透气性，提高土壤肥力；提高土壤贮水保墒能力；畦面覆草还可抑制杂草的生长，减少除草用工。

缺点：覆盖物内易滋生病虫，给葡萄病虫害防治带来麻烦。

3. 生草法（彩图 9－6） 主要指葡萄树盘实行清耕或覆盖，行间种植多年生三叶草等豆科作物牧草，定期刈（音：异）割的土壤管理方法，是目前世界各国葡萄栽培土壤的主要管理措施。

在我国非埋土防寒地区，每年将草平均刈割 2～3 次，保持 10～15 厘米的草茬，割下的草料或覆盖栽植畦面或就地堆积腐烂沤肥；埋土防寒地区，由于土层的连年局部翻动，导致草成片缺失，早春应有针对性的对草进行补植，以维持生草效果。

优点：提高土壤有机质含量，增加土壤团粒结构，防止园地水土流失，避免夏季土壤温度过高伤根，减少果实日烧的发生。

缺点：一者草有与葡萄争肥水之弊，通常需要对生草带进行施肥、灌水解决其矛盾，因此缺水地区不便采用；二者有构成病、虫或啮齿动物等寄居场所之嫌，应加大防控力度。

割草有各种专用的机械，方便实用，效率非常高。

三、设施葡萄的水分调节技术

1. 葡萄对水分的需求特点 水是葡萄植株各器官的重要组成成分，浆果含水量约占 80%，叶片约占 70%，枝蔓、根系含水约 50%。

水是葡萄生命活动所必需的物质，参与树体内物质代谢和运输。葡萄的光合作用，就是水与二氧化碳在太阳光和叶绿体的共同作用下，产生碳水化合物，获取葡萄生长发育所必需的营养物质。水又是蒸腾作用的必需物质，葡萄通过蒸腾运输营养物质，并降低高温伤害。葡萄生长发育需要大量的水分供应，不能满足所需水分就会影响发芽、新梢生长、开花坐果、果实膨大和浆果品质；可是水分过多，土壤水分过饱和，又会影响根系呼吸等生命活动；降雨过多，空气湿度大，易发生病害。

所以葡萄建园需要旱能灌、涝能排的条件。具体而言，葡萄萌芽期需要大量的水分，以满足新梢生长消耗；开花期需求水分较少，但过于干旱易使柱头变干，坐果困难；浆果生长期需要较多的水分，浆果进入成熟期，适当干旱反而有利于品质提高。

2. 葡萄灌溉关键时期　葡萄需要良好的水、肥、气、热协调一致的条件，才能正常生长和结果。为满足设施葡萄正常生长发育的需求，必须通过灌溉来解决。土壤性质不同对干旱反应差异很大，黏质土壤比沙壤土耐干旱，有机质含量高的土壤比贫瘠的土壤对干旱适应性强，可以减少灌水次数。栽培过程中选择抗旱砧木，利用地膜覆盖（或覆草）对土壤保湿，减少水分蒸发，实现抗旱栽培，是减少灌水次数与灌水量的好办法。

葡萄灌水时期的确定，必须遵循两个原则。一个是田间持水量，葡萄正常生长发育的田间持水量为60％～80％（即地表下10～20厘米土层一直保持湿润），低于50％要灌水，高于80％必须排水；二是根据当时葡萄物候期、天气状况和设施内湿度，有针对性的决定是否灌水。实际操作时，对于成龄树，可参考如下意见：

（1）萌芽水　早春葡萄萌芽期，土壤干燥时，进行小水灌溉，能促进萌芽和提高萌芽整齐度。灌水量以水分能渗透到湿土层即可，如果地表下10～20厘米处土层湿润，可暂时不灌水，大水容易导致地温降低，推迟萌芽。

葡萄萌芽除需要一定的温度外，还需求相对较高的湿度，应通过灌水提高设施内空气湿度。

（2）新梢促长水　当新梢已生长到20厘米以上时，进行灌溉，可加速新梢生长，增加有效叶面积，尽早形成营养积累，完善从基部芽眼开始的花芽分化，为下一年丰产奠定基础；新梢生长的同时也促进花序和花蕾的再分化与发育，为开花坐果打好基础。

(3) 花期禁水　花期灌水导致降温，影响授粉、受精，常导致坐果不好和小青果增加。对坐果有问题的巨峰群葡萄应严禁花期灌水。花期灌水导致设施内空气湿度提高，也对授粉、受精造成影响。

(4) 幼果膨大水　坐果后5～10天，是葡萄浆果第一次膨大期，此时叶片发育进入最佳阶段，光合作用与蒸腾作用需要大量的水来维持；葡萄需水进入高峰时期，应及时灌透水。

(5) 浆果着色水　葡萄浆果进入第二次膨大期，仍然需要水；气温尚高，叶片的蒸腾量还大，继续需要水来维持；而且当浆果进入全面着色期即将采收就不能再灌水了，需要在前期补水，形成一定的积累态势，为后期需求做准备。因此要抓住浆果着色初期一次灌透，最好能维持到浆果采收前不再灌水。

(6) 浆果采前限制水　浆果采收前15天内不能灌水，否则浆果含水量提高，品质下降，穗梗、果柄、果皮等脆度增加，个别品种易裂果。果实含水量大，不耐贮藏。然而，设施内处于封闭的小环境，葡萄水分的来源只有灌溉解决，如果呈现较严重的干旱，易导致叶片黄花、推迟着色及浆果萎缩等，应随时少量补水，维持正常的生命活动。

(7) 树体恢复水　浆果采收后，为恢复树势，维持叶片的正常代谢能力，延长叶片光合功能，使树体积累更多的贮藏营养，应结合施基肥立即灌水。设施葡萄促成栽培与南方避雨栽培，果实往往采收很早，树体恢复可持续几个月，在如此长的时间内应坚持肥水管理，为下一年丰产奠定基础。

(8) 抗寒越冬水　在埋土防寒地区，当葡萄落叶、修剪后，应灌一次透水，然后培土防寒，使整个冬季土壤不缺水，有利于根系的安全越冬。

对于新栽植的幼树，前期灌水是为了提高成活率、促进树体生长，后期控水是为了促进新梢木质化、加速成熟，为树体安全越冬与次年结果奠定基础。

在非防寒地区，冬季应进行正常田间管理，也要适时灌水，避免生理干旱的产生。

3. 设施葡萄灌水量　葡萄是浅根系果树，也是耐旱的果树树种，根系80%～90%集中在表土层50～60厘米范围内，因此，每次灌水量能够达到50～60厘米深，已经能满足树体发育的需求。灌水量大，土壤溶液中的营养要素会随多余的水渗入地下，而地下没有根系分布或分布极少，这些水和肥料会白白浪费掉，可见灌溉是有度的，不可盲目。

设施葡萄由于有薄膜的保护，蒸发量显著减少，灌水量比露地减少3～5倍。以干旱地区甘肃为例，露地葡萄的灌水量为800～1 000米^3/亩，大棚、日光温室结合地膜覆盖灌水量仅为200～300米^3/亩，可见在干旱地区搞设施栽培对于节水也是有积极意义的。设施葡萄处于封闭的环境，雨水被隔绝于设施外，土壤水分的变化受外界环境影响较小，即使外界降雨，设施内仍需灌溉。表9-1为日本设施内葡萄限根栽培不同天气、不同生育阶段的日灌水量指标，可供参考。

表9-1　葡萄不同生育阶段的灌水量指标

（枥木县农业试验场果树研究室）

天气	葡萄不同生育阶段的日灌水量（升/日）			
	催芽—展叶期	展叶—开花	开花结束—着色期	着色—收获期
晴天	1.0	4.0	8.0～12.0	7.0～10.0
雨天	1.0	3.0	3.0	3.0

4. 葡萄灌溉技术　为了合理地控制葡萄园水分供应，各国对灌溉方式进行不断地探索，取得一些成功的经验。目前我国设施葡萄主要的灌溉方式如下：

（1）管灌　管灌是通过管道直接把水由水源引到葡萄畦面某一位置，使水从头流淌，或再用管分段灌溉。管灌节省了水在输送途中的损耗，尽可能地实现均衡灌溉，方便快捷，容易调节与控制，可以有效地克服土壤板结和肥料流失问题。目前在设施葡萄栽培中管灌方法逐渐得到应用，其突出的优点是：一方面节水、好操作，另一方面降低水分蒸发量，降低设施内湿度，减少病害的发生。缺点是投资较大，同时水分供应不很均衡。

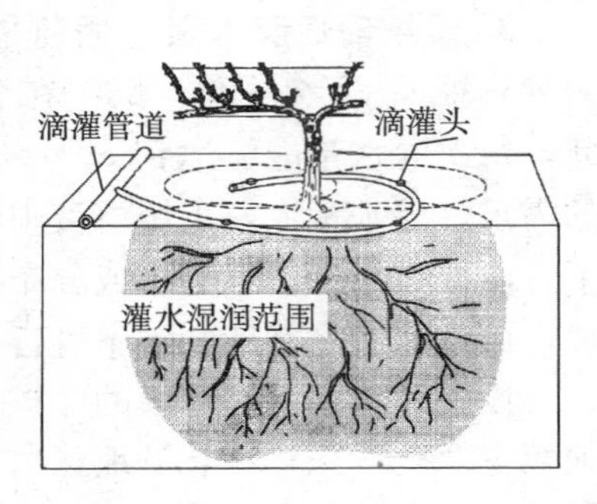

图 9－3　葡萄滴灌效果示意

（2）*滴灌或渗灌*　在管灌的基础上，把水源直接输送到每株葡萄植株的根部，用水量更加节省，操作自动化，供水均衡，可控性更强，每次灌水只把葡萄根系范围内土壤湿润（图 9－3），从本质上克服了土壤板结和肥料流失的缺点，也节约劳动力资源。通过滴灌，葡萄灌水量得到有效控制，蒸发量减小，是设施地葡萄栽培最理想的灌溉方式。从长远角度看，滴灌和渗灌是大势所趋。当然，一次性投资仍然较大。

四、设施葡萄施肥技术

设施葡萄对肥料的利用与露地比较，是有差异的。设施葡萄往往生育期较长，需要长期的肥料供应，首先应充分改良土壤，增加土壤肥力，满足葡萄生长周期需求，其次每年应增加施肥次数与数量，满足当年树体发育需求；设施葡萄地温较高，土壤相对易保持湿润，为肥料的分解利用创造条件，也需要增加施肥次数与数量。

1. 葡萄对营养元素的需求　葡萄在整个生命活动中，每年都需从空间吸取大量的碳、氧等，从土壤中吸收氮、磷、钾、钙等大量元素；同时还需要少量的硼、铁、锰、锌、镁、硫、铜等微量元素，树体对各种元素的需求存在很大差异，比如对微量元素的需求，虽然量非常小，但在葡萄新陈代谢中发挥着决定性的作用。

2. 葡萄对土壤肥力要求与利用特点　葡萄生长发育需要从土壤中吸收所需的氮、磷、钾、铁、钙、镁等矿质元素以及水和空气等。土层厚度、性质、pH 和有机质含量等影响对上述物质的吸收，选择能够满足其正常生长发育的土壤是必要的。葡萄是喜肥作物，对土壤肥力要求较高，衡量土壤肥力最重要的指标是土壤有机质含量，因为它直接影响到土壤理化性状和肥、水、气、热的协调。

根据调查，我国葡萄产区土壤有机质含量普遍在 1%～2%范围内，而日本葡萄园有机质含量维持在 7%左右，这是我国生产不出优质葡萄的根本原因；同时，我国葡萄种植者一直只重视地上管理，忽视土壤管理。与国外相比，我国土壤有机质含量低的主要原因还在于土壤耕种时间长，短的几百年，长的地方甚至超过千年，同时由于不良的耕种方式如秸秆不还田、不休耕，少轮作和不科学的施肥如以化肥当家、不施有机肥、不施生物肥等都导致土壤有机质含量下降。

3. 提倡多施有机肥料　设施葡萄的土地利用率高，要求土壤养分一定要充足，而且透气性、保水性应良好，要做到这一点，就必须多施有机肥料。

有机肥料种类包括动植物有机体及动物排泄物，经微生物腐熟后形成的有机质。生产上常用的有禽粪、人粪尿、厩肥、饼肥、灰肥、绿肥等。这些肥料的共同特点就是含有一定数量的有机质和矿物质。有机肥料种类多、肥源广、养分全、作用大，其中不仅含有氮、磷、钾、钙等大量元素，而且还有铁、镁、锌、锰、铜、硼等微量元素，它是一种完全肥料，是葡萄生长发育与新陈代谢所必需的。当然，有机肥料的种类不同，所含有的元素种类和数量也有差别（表 9－2）。

表 9－2 常用有机肥料养分含量

（单传伦，2002）

种 类	水分	有机物	氮（N）	磷（P_2O_5）	钾（K_2O）
一般堆肥	60～70	15～25	0.4～0.5	0.18～0.26	0.45～0.70
人粪尿		5～10	0.5～0.8	0.2～0.4	0.2～0.3
猪厩肥	72.4	25	0.45	0.19	0.60
羊厩肥	64.6	31.8	0.83	0.23	0.67
鸡 粪	50.5	25.5	1.63	1.54	0.85
蚕豆绿肥	80		0.55	0.12	0.45

有机肥施入土壤后，在微生物的参与下，经过矿化作用释放出来葡萄所需要的营养元素。与此同时，又进行着腐殖化作用，形成大量腐殖质。腐殖质是一种有机胶体，它能把微土粒胶合在一起，形成大小不同的土粒，称为土壤团粒结构。这种团粒通过矿质化作用释放出来的各种矿质元素，可以从团粒内逐渐释放，有利于葡萄根系的慢慢吸收，从而满足葡萄植株不同时期对养分的需要。团粒内部有较多的空隙，团粒之间的空隙更大，增强了土壤的通气性和透水性，改良了沙土或黏重土壤的结构，从而大大改善了土壤的水、肥、气、热状况，提高土壤保肥、保水能力，为葡萄优质丰产奠定了坚实的基础。由此可见有机肥效的发挥需要一个过程，而且比较缓慢，故有机肥又称长效肥，而把尿素等发挥效果快的肥料称速效肥。

4. 正确使用有机肥料

（1）*有机肥料腐熟的作用* 有机肥料所含养分多为有机态，必须在腐熟过程中微生物的参与下，经过矿化作用变成化学元素或化合物才能被葡萄根系吸收，即肥料由非利用态变成可利用态；另外，有机肥料发酵前往往混杂有病菌、寄生虫卵、昆虫卵或幼虫、草籽等，需通过腐熟过程产生的热量进行无害化处理后才能杀灭，可见有机肥需要腐熟过程。

没有完全腐熟的有机肥料提前施入土壤，首先会因肥料腐熟产生高温或浓度大而“烧”根，导致树体死亡，特别是对于新栽植的幼苗，由于根系分布范围浅而集中，数量少，而且幼嫩，往往表现更为敏感，这是造成葡萄建园缺株的一个重要原因；其次没有完全腐熟的肥料在土壤中腐熟过程比露地漫长，延迟了肥效发挥的最佳时机（原理参见下文“有机肥料施用时期”），没有达到预期目的与效果，甚至导致枝条徒长，不利于连续丰产稳产等，实际上，肥效没有按时发挥也是变相浪费肥料资源；最后没有完全腐熟有机肥在腐熟过程中会散发出大量的氨气，如果通风换气不及时会对设施葡萄造成不同程度的伤害。

有机肥发酵是在微生物作用下完成的，高温、低湿和通气良好的环境有利于微生物活动，对有机肥发酵有利。可见有机肥发酵要在高温季节进行，为了增加有机肥中微生物的数量，有机肥料在腐熟过程中需要掺入表土或稻壳等有机物，这类添加物中含有大量的酵素菌，既促进有机肥发酵，又能降低肥料浓度，达到葡萄根系可利用的比例，同时所掺入的有机物也是良好的肥料，对提高土壤透气性有良好的作用。有机肥腐熟过程需要多次翻倒，增加透气性，加速好氧细菌的繁殖，促进肥料分解熟化，同时翻倒能促进肥料中多余水分的挥发、散失由肥料腐熟所产生的热量，防止“烧”肥现象的出现，因为肥料一旦“烧”了，会变成灰白色，肥效便会降低。

（2）*复合生物有机肥特点*　复合生物有机肥是以有机物为载体，先将有机原料通过菌种处理，使其矿化分解，然后按配方要求加入植物所需要的矿质元素，进行搅拌、压型、烘干，制作的成品肥料。便于包装、贮存、运输、经销与使用，可实行机械化施肥，改善农业生产环境，提高肥料利用率。

目前我国市场复合肥的品牌非常多，但往往鱼龙混杂，真伪难辨，能够选择到一个好品牌的复合肥，不是易事。可从下列几方面考虑来选择有机肥：

①肥料密度。密度是指物质单位体积的重量。复合生物有机肥的主体是有机物，密度应较小，体积大，好的肥料应显得很轻。目前不合格的生物有机肥载体往往是工业矿渣，密度大，而这些物质对作物无益，甚至有害。

②溶解性。复合生物有机肥应具有良好的溶解性，肥料的所有营养物质是经过溶解后才能被植物吸收，对肥料有疑问，购买肥前可做溶解性试验。

③生产实践与品牌。多年使用一个品牌，在生产中表现好，应继续使用。

国外发达国家已经广泛使用有机复合肥，随着我国国民经济实力增强，人民生活的改善，对环境、肥效、便捷性等要求的提高，这项技术会逐渐得到普及。

（3）*有机肥料施用时期*　有机肥具有改善土壤结构，促进葡萄树体生长发育，提高果实品质等作用。施用时间决定其发挥作用的大小与肥料利用率的高低。常规情况下有机肥作为基肥施用，个别时候由于漏施或发现树体营养明显不足时，也可以充当追肥使用；因此有机肥的施用时期应以秋季为主。一般在早霜来临之前1个月左右施有机肥对葡萄树体营养积累最为有效，从树体发育方面看，秋季新梢已经逐渐停止生长，果实采收或即将采收，土壤温度还较高，微生物活跃，根系又处于生长阶段，施肥后有部分营养将被吸收，供树体发育或积累，对花芽的接续分化与次年春季萌芽、花序发育、坐果等发挥基础作用。设施葡萄促早或延迟栽培，葡萄生育期延迟，营养消耗大，应增加施肥次数，提高施肥量，即在果实采收后及秋季各施一次基肥，满足树体正常生长发育需求。

（4）*有机肥料施肥量*　肥料施入土壤后有一部分被土壤固定或雨水淋溶，失去作用或暂时不能发挥作用，因此准确的确定施肥量是困难的。根据资料介绍，每生产100千克葡萄浆果，需要的纯氮量为0.5～1千克，磷0.2～1千克，钾1～1.5千克，三要素氮、磷、钾的比例为1∶1∶1.5。根据这个比例与常用有机肥料养分含量分析，葡萄园一般不缺氮，而磷、钾元素常常缺乏，应注意磷、钾肥料的施入。

我国各地广泛使用有机肥，其施肥量一般通过葡萄浆果产量来计算，即施肥量是产量的2～3倍，以每亩生产葡萄1 500千克计算，需要施有机肥3 000～4 500千克，当然是质量好的鸡、羊等圈肥，其他质量差的肥料还要多施。除肥料的种类或性质外，葡萄植株年龄，生长势强弱，结果多少，施肥量也要调整；土壤性质也影响施肥量的合理确定，贫瘠、漏水、跑肥的沙质土应多施肥，对保水保肥好且有机质含量高的壤土可适当减少施肥量。通常情况下，一个地区往往根据往年的施肥量及葡萄产量与品质状况，决定当年的施肥量。笔者在沈阳地区一个立地条件比较好的葡萄园长期观察发现，为了成龄葡萄保持正常的产量（1 500千克/亩）和较好的品质，每年每亩施入优质鸡粪4～6米^3，效果良好。对巨峰群树势强旺的品种而言整个生长季节可以少施追肥，而对金星无核、京玉、维多利亚等树势中等偏弱的品种应适期追施肥，进一步增强树势提高穗重、粒重及促进浆果成熟。

5. 合理选用化肥 化肥是通过化工合成的肥料，具有营养成分高、肥效发挥快速的特点，也称速效肥。根据葡萄的不同发育阶段，有针对性地选择化肥，能达到事半功倍的效果。但是化肥因其营养含量单一，又属于盐类物质，使用后会对土壤及周边环境产生一定的副作用，如土壤板结、通透性下降，污染河水破坏环境等。常用化肥特性与使用方法见表9-3。

6. 葡萄园土壤施肥方法

（1）*基肥施肥法* 葡萄要求多施有机肥，施基肥显得尤为重要。通常采用条沟施肥法和穴施法。施肥时不可避免要伤断一些毛细根，正好起到修根作用，促使断根截面附近分生若干新生吸收根，促进根系新陈代谢。

表 9-3　常用化肥特性与使用方法

种类	化肥名称	特性与使用方法
氮肥	尿素	含氮 45%～46%，中性，对酸性土壤及碱性土壤都适用。有促进生长的作用。施用时应深施覆土，不宜撒施
	硝酸铵	含氮 34%～35%，微酸性，对碱性土壤较适宜。施后必须覆盖，减少氮素流失。不可与碱性肥料混用
	硫酸铵	含氮 20%～21%，微酸性，适用于碱性或中性土壤。施后必须覆盖，减少氮素挥发
磷肥	过磷酸钙	含有 14%～20%的有效磷，为酸性，与有机质基肥施用效果更好
	磷酸二氢钾	为白色结晶体，含五氧化二磷 24%～52%，氧化钾 27%～34%。主要用作叶面肥，使用浓度 0.1%～0.3%
钾肥	硫酸钾	为白色结晶，含氧化钾 48%～52%，微酸性，易溶于水，属速效性肥料。可作基肥及追肥
	硝酸钾	为白色结晶，含氧化钾 45%～46%，含氮 13.5%，中性，易溶于水，是一种氮钾复合肥，肥效高。有助燃性，注意保存
	磷酸二氢钾	为白色结晶体，含五氧化二磷 24%～52%，氧化钾 27%～34%。主要用作叶面肥，使用浓度 0.1%～0.3%

①条沟施肥法。就是在葡萄栽植行两侧挖施肥沟，将肥料施入沟内，是我国最常见的施肥方法。通常根据树龄、葡萄枝蔓伸展方向，决定施肥沟的位置、深浅和宽窄。篱架葡萄，枝蔓垂直向上分布，行距较小，幼树期间在葡萄植株基部向外 20～40 厘米开始挖深度 40～50 厘米、宽度 20 厘米小沟，将已腐熟的有机肥料与土壤以 1∶3～4 比例混合拌匀施入；随着树龄加大，施肥沟逐年外扩，直到相邻两行的中间为止，深、宽也随之逐年增加，同样以有机肥与土壤 1∶3～4 比例混匀施入。棚架葡萄，幼树 1～2 年生期间挖沟施肥方法与篱架葡萄相同，进入盛果期后，枝蔓向架面一方伸展，由于地上地下相关性原则，根系也主要随枝蔓一方伸展，施肥沟只能在架外侧离植株 60 厘米开挖，而且

由于施肥量较大，深度、宽度相对加大（图 9－4）。

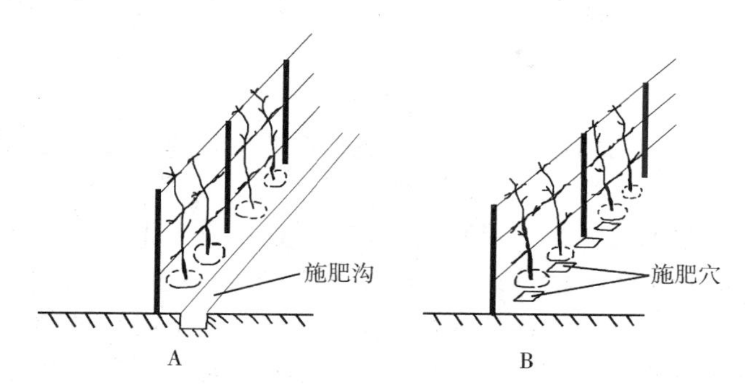

图 9－4　葡萄施肥方法

A. 葡萄条沟施肥方法　B. 葡萄穴施肥方法

②穴施法。是普通有机肥或有机颗粒肥施肥时采用的一种方法。即采用打孔器或锹、镐等工具，在架下树冠范围内打（挖）若干个洞穴，将颗粒肥按单位面积施肥量分解到每一穴的颗粒数，施入洞穴内，然后覆土，下次再变换施肥位置。有条件的葡萄园，可采用自动化施肥机进行穴施（图 9－4）。

对于多年生树，施肥沟或施肥穴的位置可以循环重复，也可以每年向外扩展。

将有机肥料直接铺于地面的施肥方法是错误的。有些葡萄产区受传统观念的影响，将圈肥等直接铺于葡萄栽植畦的地表，这种施肥习惯很不科学，其优点在于省工，节约劳动力；而缺点很多：

a. 有机肥料撒施土壤表面，由于地表温度较高，湿度较大，大部分养分释放出来呈气态蒸发掉，造成肥分损失，同时，设施内，当有害气体浓度大时还会造成生理伤害。

b. 撒施于园地表面的粪肥，诱引蚊、蝇和地下害虫，造成果园环境污染，不仅有害于管理人员的身心健康，而且也污染了葡萄。

c. 葡萄根系具有趋肥性的特点，诱导根系地表上反，减低根系抗旱、抗寒能力，造成寒冬期间大量根系冻害死亡，削弱树势，减少坐果，甚至植株死亡。

d. 上文介绍的肥料逐年沟施或穴施方法对土壤有疏松和改良作用，也可切断部分须根，促进根系的生长，而地表施肥没有类似作用。

（2）*追肥施肥法*　追肥是在施足基肥的基础上，补充葡萄不同生育期所需养分的不足。追肥是速效肥，一周之内就会发挥作用，可以很快补充树体营养的不足，这是基肥无法比拟的。

根据基肥的施用量、土壤养分变动和树体需要养分状况，一般成龄结果树每年要追肥3～5次：萌芽前追催芽肥，以施氮肥（尿素）为主；开花前追坐果肥，以磷、钾肥（硫酸钾）为主；坐果后追壮果肥，以氮、钙肥（氧化钙）并重；浆果成熟前追增色保质肥，以施钙、镁、磷肥为主；浆果采收后追壮树肥，施少量氮素以恢复树势。

不同品种花前追施氮肥表现不同。巨峰葡萄品种花前施氮肥过量往往导致新梢徒长，严重影响坐果，产量下降，果实品质降低，同时也影响花芽分化，影响次年葡萄产量，所以认为巨峰不适合大肥大水的条件，应强调平衡施肥。金星无核、维多利亚等品种对花前追施氮肥表现效果好，花前施氮肥对增大果穗、提高单粒重有良好的效果，生产中作为常规方法来运用。目前追肥方法有如下种类：

①土壤沟施。施肥方法可采取开浅沟或穴施入，培土后立即灌小水促进肥料溶解，并随水淋溶至深层土壤中被根系分层吸收。

②随灌水冲施肥。首先把肥料均匀地撒在畦面，然后结合灌水随水施入土壤。

7. 葡萄叶面施肥方法　叶面施肥是将矿质肥料或其他液体肥液用水稀释成一定的溶液直接喷洒到叶片上，利用叶片的气孔和角质层将肥液吸收到叶肉组织中，直接参与光合生产制造树体营养。这种施肥方法由于肥料不经土壤中转，又不通过根部吸收，具有用肥少，肥效快，避免土壤对肥分的化学固定和生物固定，因而肥料利用率高。但是，叶面施肥仅仅是一种辅助性施肥措施，绝不能代替土壤施肥，对此不能有依赖性。

葡萄叶面施肥技术性很强，首先要依据葡萄不同生育时期和对营养元素的需求状况，确定肥料种类，其次是肥料剂量。如早春为了促进新梢生长，喷施 0.3%～0.5%的尿素；开花前或花期可喷施 0.2%～0.3%的硼砂促进坐果；坐果后到果实成熟前喷施 1%～3%的磷酸二氢钾促进枝条成熟和提高果实含糖量等。目前，新的叶面肥料种类很多，而且由过去的单一类型演变成复合类型，如叶面宝、喷施宝、爱多收（日本产）、PBO、碧护及恳易等，应该在充分了解所选择叶面肥的特性基础上，决定使用时间及使用浓度。

叶面施肥时间，每次要选择温度稍低、蒸发量较小的早晨或傍晚时喷洒，以延长叶片对养分吸收时间和增加养分吸收量。叶背气孔是叶面施肥吸收的最佳部位，当然新梢、幼果也有部分吸收功能，因此要以喷施叶背为主。

通常叶面施肥也可与喷施农药同时进行，但使用前应查看说明，弄清是否可以混用。叶面施肥的设备与喷施农药的设备往往通用，在喷肥前一定要用清水冲洗喷药设备，尤其在喷施过除草剂后的喷药机器应清洗干净，以免对葡萄造成伤害。

第十章
设施葡萄病虫害防治

一、设施葡萄病虫害发生与防治特点

设施葡萄的栽培环境与露地栽培环境相比发生了很大的变化，因此病虫害发生的种类和规律也与露地栽培有明显的差异。设施葡萄光照比露地弱，温度和湿度比露地高。这些条件有利于真菌性病害的孢子萌发，但设施葡萄内的葡萄植株不与雨水接触，而葡萄发生病害的病菌大多靠雨水传播，导致病菌因缺少媒介——雨水而不能传播，从这一角度来说，病害在设施环境下不易流行。生产实践证明，只要加强设施内通风，降低室内湿度，设施栽培的葡萄病害很少，如果管理得当，几乎没有病害。

为此应采取预防为主，综合防治的病虫害防治原则，将病虫害发生和为害降低到可以承受的范围内，尽量少用或不用高毒、高残留农药，满足绿色果品生产。

1. 设施葡萄病虫害发生的特点 设施为葡萄生产造就了一个相对封闭的环境，避免了雨水冲刷给葡萄带来的病菌侵染，大大降低了霜霉病、黑痘病的发生，同时由于部分栽培时期设施内温度、湿度较高，易引起白粉病、灰霉病的发生。与病害不同的是设施葡萄环境的虫害要比露地葡萄多，为害时间长，因为设施内环境稳定，有利于害虫生长、繁殖，同时相对封闭的环境，大大降低了害虫天敌的进出机会，如不进行有效地防治，害虫年年积累，很容易造成严重危害。

在管理上果农往往只重视采果前的病虫害防治，忽视了产果后的管理，尤其是部分地区采收揭开棚膜后秋季昼夜温差大，导致结露，引起霜霉病等病害对秋梢及叶片的危害。

设施内环境变化受人为的控制，故病虫害的发生规律与人为的管理措施密切相关，葡萄设施栽培与露地栽培相比病虫害发生在种类上有变化（表10-1），有效地进行设施内环境人为控制将起到降低病虫害发生的作用。同时，由于采用设施栽培，病虫害发生的区域性与时期也存在着很大的差异（表10-2）。所以不同地区应研究当地设施内葡萄病虫害发生的具体种类和发生规律，从而制订有效的防治方案。

表10-1　葡萄设施栽培与露地栽培病虫害发生种类对比

（晁无疾等，2000）

露地栽培		设施栽培	
主要病害	主要虫害	主要病害	主要虫害
霜霉病	天蛾	白粉病	毛毡病（瘿螨）
黑痘病	葡萄虎天牛	灰霉病	介壳虫
炭疽病	葡萄虎蛾	穗轴褐枯病	粉虱
白腐病	透翅蛾		金龟子
褐斑病	金龟子		透翅蛾
穗轴褐枯病			绿盲蝽

表10-2　葡萄设施栽培与露地栽培病虫害发生区域与时期对比

（晁无疾等，2000）

病虫害名称	露地栽培发生时期	设施栽培发生时期
霜霉病	雨季　北方发生严重	秋季揭开棚膜后　全国均有
黑痘病	雨季　南方发生严重	秋季揭开棚膜后　全国均有
灰霉病	花前、果实生长期　南方多有发生	花前、果实生长期　全国均有
白腐病	夏季多雨时期　全国多有发生	发生较轻
透翅蛾	6～7月　全国多有发生	5～6月　全国多有发生
瘿　螨	6月盛发期　全国多有发生	5～7月盛发期　全国多有发生

2. 科学选择农药 合理选择、科学使用农药，是设施葡萄生产的有效保障。

（1）优秀农药的特征 优秀的农药应该是实效性与安全性的统一。

①实效性。即药剂施用后能够达到预期的目的，发挥良好效果。如对葡萄园内某种病害或虫害有杀伤作用，同时也可能对其他病虫害有预防和治疗作用更理想。

②安全性。首先应对树体安全，没有不良后果，其次对人畜、环境及后续产品也应安全，应该是低毒低残留的。

（2）合理选择农药 当前我国农药市场非常兴旺，品种齐全，种类繁多，货源充足，购销两旺。每年从各种渠道进入市场的农药数目惊人，但良莠不分，真假难辨。选正（真的、好的）防假成了消费者的烦心事，作者不妨在此提出几招供果农参考。

①首先到知名度高、实力雄厚、技术一流、有信誉度的正规农药公司或商店购买所需的农药。

②购买农药时，要认真查看所需农药的标识说明，弄清其有效成分、商品名称、化学名称等，防止购买同物异名或同名异物的农药；注意商标、生产厂家、生产日期、有效期限、防伪标记等，应选择可靠、有技术实力、大厂家生产、在有效期内的真正品牌农药种类。继续选择已经使用过且效果好的农药品牌是可行的好办法，但也应仔细查看农药标识，不能粗心大意。

③购买农药应索取正规发票，票面应详细记录所购农药名称、数量、价格、购买日期、开票人姓名、售货单位联系电话、签章等，并认真保留作为原始凭据，维权时使用或以后购药时参考；农药使用后要保留包装瓶或袋等，一旦发现农药有质量问题可凭发票和包装投诉。

④有条件的，可现场测试检验农药真伪：

a. 可湿性粉剂、悬浮剂等农药，可将少量农药掺水放入矿泉水瓶中，使其自然溶解分散，摇动，静止半小时后如果发生沉淀分层，即假药。

b. 乳油剂型农药，液面上漂浮一层油花的为不合格农药。

3. 科学利用农药

（1）学会测报　学会测报，克服盲目用药。盲目用药包括按习惯打药，看人家打药，定期打药、自己不懂选药，请农药商开方，局部有病虫害全园打药，晴天就打药，只认化学农药等。

（2）科学用药

①有针对性用药。病虫害不为害到一定程度不宜打药，这些指标是经权威专家确定的。局部发生病虫害只打局部。设施内病害轻，没必要经常打预防性药剂。

②不随意提高药液浓度。提高浓度会浪费农药，易误伤天敌，增加投资，同时易提高病虫抗药性。

③充分利用品种抗性差异。不同葡萄品种对某种病虫害有不同的反应和抗性。只对感病品种打药，而放过高抗病品种不打药，这样可收到省投资、少污染、护天敌一举三得的效果。

（3）选用高效喷药设备　农药以尽量小的雾滴均匀地喷布到叶片等葡萄组织或器官上，才能实现既节省农药又能发挥最佳效果的目的，因此要选择雾化状态好的打药器械（彩图 10－1）。

二、设施葡萄病害防治

对于葡萄病害的防治，必须贯彻“预防为主，综合防治”的方针。提高树体抗病能力，是防治葡萄病害的基础；清除病原物的产生源和传播途径，是防治葡萄病害的关键；使用药剂杀灭病原菌，是防治葡萄病害必不可少的措施。

1. 葡萄病害的综合防治

（1）坚持检疫制度　禁止在病发区生产苗木，从外地调运苗木、穗条和砧木等必须经过检疫。

（2）强化管理，营造不易发病的内部与外部环境　首先选择设计合理的株行距和架式，科学应用整形修剪技术，在生长期要严格执行各项枝蔓和花果管理技术，使架面通风透光良好。第二，注意合理施肥，增施磷、钾、钙肥，少施氮肥，防止树体徒长，加速组织或器官的发育和成熟，增加营养积累。第三，设施内注意排水通风、除草松土的工作，开展地膜覆盖，降低设施内湿度。第四，寒地葡萄产区要特别注意防止寒害和冻害，避免树体冻伤。

(3) 清除病原　春季葡萄树液流动时，仔细刮净枯死翘皮（刮皮时树下铺塑料布），消灭隐藏翘皮下藏匿的病原菌、虫卵、介壳虫等，清除后集中烧毁。生长期易发病，应经常检查病情，及时摘净树上病果、病叶和剪除病梢，可控制病害的扩展。秋季果实采收后，搞好清扫果园工作，收集地面枯枝落叶及病果，剪除病虫危害的枝蔓，摘除挂在树上的僵果，将这些病残组织集中送园外深埋或烧毁，以降低病原菌基数。

(4) 药剂防治

①喷布铲除剂。休眠期（秋季防寒前和春季解除防寒后），各喷布一次3～5波美度（波美比重计测定）的石硫合剂，进一步铲除残留在树体上的病原菌。

②生长期喷药保护。生长季节，在病菌侵入树体之前适时喷药，使枝、叶、花、果的表面覆盖一层药膜，当病菌掉落其上可立即杀死，以保护树体免遭病菌侵染。

③发病期喷药灭杀。根据病害种类以及危害程度，决定选用药剂种类和浓度。

2. 葡萄病害的识别与防治　葡萄发生病害都应该有症状，如变色、变形、凹陷、凸起、坏死、腐烂、枯萎、脱落等等。不同病害的症状，一般都具有相对的特殊性和稳定性，可以作为诊断葡萄病害种类的重要依据之一。当然，有时外部症状相似，不一定是同一种病原菌，需对病部进行镜检，观察病原形态才能做出正确的判断。现将为害葡萄的主要病害种类、识别与防治方法介绍如下。

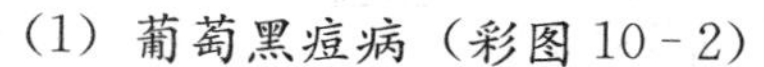

（1）葡萄黑痘病（彩图 10－2）

【症状】

①为害部位。绿色幼嫩器官，发病时间集中在前期。

②病部症状。嫩梢、幼叶、卷须染病时发生皱缩卷曲，如同烫发状，其上有多角形褐色至黑色病斑；中部叶片病斑极小，干枯后形成穿孔，孔眼很小。幼果病斑呈圆圈，稍凹陷，边缘紫褐色，中间灰白色，形似鸟眼，后期病斑硬化或龟裂，失去食用价值。

【防治方法】

①新梢长度达 20～30 厘米和开花前 5 天各喷一次 1∶0.5∶240 倍波尔多液、代森锰锌、1 500～2 000 倍世高或科博预防。

②发病时喷布退菌特 800 倍液或甲基托布津 600～800 倍液。

③喷施喷克 600 倍液或菌立灭、多菌灵 800 倍液、福星 8 000～10 000 倍治疗。

（2）葡萄霜霉病（彩图 10－3）

【症状】

①为害部位。主要为害叶片，也能侵染果实等幼嫩组织，为毁灭性病害，发病时间集中在中后期。

②病部症状。受害叶片开始呈现半透明油渍状病斑，逐渐变黄褐色，常数斑融合成多角形大病斑，潮湿时在叶背面病斑上产生一层灰白色霉状物，即病原菌的孢子囊和孢囊梗。严重时，也能侵染果穗和果粒，引起烂果和掉粒。

【防治方法】

①从新梢长度达 60 厘米左右，开花前后开始，每间隔半月左右喷布波尔多液、科博、喷克等保护剂预防。

②坐果后遇阴雨天后喷乙磷铝（或霉疫净、疫霜灵）300 倍液或瑞毒霉 1 000 倍液预防。

③发病后喷安克（烯酰吗啉）、霜脲锰锌、甲霜灵等 800～1 000倍液或 10％氰霜唑悬浮剂 2 000～2 500 倍液，注意交替使

用并混配代森锰锌等延缓产生抗药性。

（3）葡萄白腐病（彩图 10－4）

【症状】

①为害部位。梢、叶、果。为毁灭性病害，发病时间集中在中后期。

②病部症状。果穗发病初期在小果梗或穗轴上出现水渍状病斑，逐渐向果粒基部蔓延，变褐软腐，病斑上密生灰白色小点（分生孢子器），果梗干枯。严重时小分穗和全穗腐烂，脱粒和脱穗。有时病果迅速脱水干缩为僵果悬挂在树上长久不落。

叶片发病多从叶缘开始，病斑呈水渍状深浅不同颜色的波状轮纹，病斑干枯后易破裂。新梢上病斑呈淡褐色水浸状，不规则形状，后期病部皮层纵裂成乱麻状。

【防治方法】

①发芽前用 5 波美度的石硫合剂刷枝蔓，发芽后改用 0.3 波美度的石硫合剂喷洒。

②6 月开始每间隔半月采用退菌特、福美双、多菌灵等 800 倍液交替喷洒，喷施苯醚甲环唑 3 000～4 000 倍液既有保护效果也有治疗效果。

③发病时喷布福美双、烯唑醇、霉能灵等 800 倍液，或氟硅唑（福星）8 000 倍液。

（4）葡萄灰霉病（彩图 10－5）

【症状】

①为害部位。花序、幼果和成熟果。

②病部症状。初期为淡褐色水浸状，后变暗褐色软腐，潮湿时表面密生灰霉，花序垂萎，易断落。果实病部呈褐色凹陷，最后软腐。

【防治方法】

①开花前 20 天和 5 天左右喷布 2 次 50％多菌灵 600～800 倍液，或甲基托布津 600～800 倍液。

②发病时喷施农利灵、嘧霉胺 800～1 000 倍液。

（5）葡萄炭疽病（彩图 10－6）

【症状】

①为害部位。果实。

②病部症状。果面上病斑初期为水渍状，浅褐色或呈雪花状，以后呈深褐色，稍凹陷，并由很多小黑点排列成同心轮纹状。潮湿时溢出粉红色黏液（即分生孢子）。病果近熟时，病斑迅速扩大可达果实半面以上，逐渐失水干缩，振动易脱落。

【防治方法】

①发芽前喷 5 波美度的石硫合剂铲除越冬病原菌。

②喷波尔多液、科博、苯醚甲环唑进行保护。上述药剂在预防黑痘病、霜霉病同时，对炭疽病、穗轴褐枯病等还具有预防作用。

③发病时喷布溴菌清、咪鲜胺、霉能灵、甲基托布津等 800～1 000 倍液等。

（6）葡萄穗轴褐枯病（彩图 10－7）

【症状】

①为害部位。主要为害花序，严重时也为害果穗的穗轴，发病时间集中在前期。

②病部症状。发病初期在穗轴小分枝上产生水渍状浅褐色小斑点，不容易引起注意，如果没有及时发现与预防，病斑扩展较快，当病斑绕穗轴分枝一圈后，穗轴因失水而干枯，果粒也随之脱落，而干枯的穗轴大部分残留。

【防治方法】

①开花前 10 天喷 1∶0.5∶240 倍波尔多液预防。

②发病初期喷多菌灵 800 倍液或百菌清 800 倍液。

③发病盛期喷甲基托布津 800 倍液。

（7）葡萄白粉病（彩图 10－8）

【症状】

①为害部位。主要为害梢、叶（包括老叶），严重时果实也能感病。

②病部症状。叶片发病初期出现灰白色病斑，后呈面粉状的霉（分生孢子），最后叶片焦枯。果实发病后覆盖一层白色粉末状分生孢子，病处先裂后烂。

【防治方法】

①萌芽前喷 5 波美度的石硫合剂。

②发病时喷粉锈宁 800 倍液或甲基托布津 800 倍液等。

（8）葡萄根瘤癌肿病（彩图 10－9）

【症状】

根瘤癌肿病（也称葡萄根瘤癌）一般在葡萄蔓根颈部分和枝蔓上发生。在北方受冻害的葡萄植株，该病从下往上，直至一年生枝条的冻伤处都可能发病，发病严重的果园，嫁接苗在接口处也容易发病。发病初期在病部形成类似愈合组织状的瘤状物，内部组织松软，随着瘤子的不断增大，表面粗糙不平，并由绿色渐渐地变成褐色，内部组织变白色，并逐渐木质化。病瘤多为大小不一的球形，小的只有几毫米，大的可以达到十多厘米，形状不规则，表面粗糙，有大瘤上长小瘤的现象。病株生长衰弱，严重时干枯死亡。

病菌在病组织以及土壤中过冬。随雨水和灌溉水传播，在冬季寒冷地区葡萄下架埋土防寒，病菌也可以随土壤传播，由机械伤口、嫁接伤口、虫咬伤口、病害伤口和冻害伤口侵入寄主。细菌自伤口侵入皮层组织后进行繁殖，不断刺激植物细胞增生，形成癌瘤。癌瘤自 5 月上中旬开始，至 7 月上旬迅速扩大，7 月下旬至 8 月上旬又逐渐干缩，部分脱落，污染土壤，成为再侵染的污染源。

【防治措施】

①消毒处理。对调运的苗木和穗条要经过石灰水或者高锰酸钾稀溶液浸泡消毒备用。

②避免伤口产生。生产过程要尽量避免发生机械伤口（冰雹伤口、剪口等）和病虫伤口等。要防止植株受冻害造成冻伤口。

③治疗。刮掉病部癌瘤，在伤口处涂5波美度的石硫合剂消毒。

三、设施葡萄害虫的防治

葡萄虫害往往被人们忽视。其实不然，因虫害致使枯枝、死树、削弱树势的现象，导致葡萄缺株、断蔓不能爬满架、坐果率低、抗寒性削弱、果皮粗糙、果实糖度下降、着色差，致使葡萄减产以及品质下降，是普遍存在的问题，也应像对待葡萄病害一样该给予足够的重视。

1. 葡萄害虫的综合预防

（1）*检疫*　各地区应该明确葡萄害虫检疫对象，如葡萄根瘤蚜、美国白蛾等，以法规形式公布于众。加强植物检疫制度，真正做到检疫现场化、田间化，禁止外国和外地带有检疫性害虫的种苗、枝条、接穗、果实等进入我国和本地区。一旦发现，坚决销毁。

（2）*科学规划*　葡萄生产园区道、林、水、田配置合理，不为害虫提供转寄生的杂草、树木以及其他植物生长生活条件。有些新规划的葡萄园，早春有象鼻虫为害幼苗新芽，秋季玉米螟在枝干上蛀干越冬，实际上，这两个害虫是由上茬作物转主而寄生的，这类特殊问题应在规划建园时有所考虑。

（3）*生物防治*　不使用剧毒农药，保护野生益鸟、益虫和其他有益生物，采用以鸟治虫、以菌治虫等生物防治措施，对个体大、数量少、局部发生的害虫，可以采用人工扑杀的方法减少使用农药次数与剂量，减少对农药的依赖。在园区设置糖醋罐、性诱剂、黑光灯等捕杀害虫。

（4）*开展害虫预测预报网络建设*　对害虫进行预测预报，尽量在最佳时机杀灭害虫，杜绝虫害的大面积发生，减少经济损失。

2. 葡萄害虫的识别与防治　现将生产中常见的几种葡萄害虫种类、识别与防治介绍如下：

(1) 葡萄天蛾（彩图 10-10）

【为害特点和虫体特点】

以幼虫大量啃食叶片，破坏光合生产。

幼虫体长 80 毫米左右，全体绿色（部分秋季变成褐色），体表布有横条纹。

【防治措施】

①春季在葡萄架柱和植株根颈周围挖土筛蛹，烧毁。

②发现树上虫食残叶，地下有虫粪时，可人工捕杀幼虫。

③6 月在幼虫发生期，向叶片喷布 50%敌敌畏乳油或 90%敌百虫 1 000 倍液或高效氯氰菊酯 2 000～3 000 倍。

(2) 葡萄虎蛾（彩图 10-11）

【为害特点和虫体特点】

以幼虫大量蚕食嫩芽和幼叶，严重时将老叶片也吃光。

幼虫体长约 40 毫米。头部橘黄色，有黑斑点。面部黄色，背面带绿色，体表每节有大小黑色斑点。

【防治措施】

①早春在植株根颈四周挖蛹，烧毁。

②利用幼虫白天静伏叶背的习性，进行人工捕杀。

③6 月下旬至 7 月中旬幼虫为害期间喷布 50%敌敌畏乳油或 90%敌百虫 1 000 倍液。

(3) 葡萄毛毯病（葡萄锈壁虱）（彩图 10-12）

【为害特点和虫体特点】

葡萄毛毯病，又称葡萄锈壁虱，是检疫性病（虫）害。以成螨、若螨为害叶片，吸取细胞汁液，使细胞形成毛（囊）状体，扩大后变成毛毯状向叶正面隆起，毛毯由白变黄再变褐。成螨体长约 30 微米，肉眼不易看出。故多年来习惯称之为病害，实际是虫害的一个类别。

【防治措施】

①从病区引入苗木、接穗、砧木等应做消毒处理。

②彻底清扫果园，刮除老皮，集中烧毁。

③葡萄发芽前喷布5波美度的石硫合剂。

④初见病叶剪除烧毁，同时喷布三氯杀螨醇乳油800～1 000倍液、螨死净、哒螨灵、螨危等。

(4) 葡萄东方盔蚧（彩图10-13）

【为害特点和虫体特点】

同康氏粉蚧一样，以若虫、成虫吮吸枝蔓、叶片等汁液，并排出黏液，引起霉菌寄生，枝、叶、果被污黑。

雌成虫红褐色，椭圆形，体长6毫米左右，外壳较硬。若虫体扁平，椭圆形，体外有一层极薄蜡层。

【防治措施】

①以若虫在枝蔓裂皮下、枝条的阴面越冬。欧洲种比欧美杂交种为害重，如京秀、无核白鸡心容易发生。早春将枝蔓裂皮剥掉，涂刷或喷布5波美度的石硫合剂，杀灭越冬若虫。

②葡萄园周围不宜栽植洋槐、白蜡、糖槭树等寄主植物；如有，在防治葡萄的同时，同样喷药。

③4月产卵期和5月下旬到6月上旬第一代若虫为害期，喷布50％敌敌畏、40％乐果乳油1 000倍液或48％乐斯本乳油、90％万灵等。

(5) 美国白蛾（彩图10-14）

【为害特点和虫体特点】

美国白蛾每年发生三代，以蛹越冬。每年5月中旬以后，幼虫开始孵化，不久即开始吐丝结网，群居在葡萄园周边防护林或绿化带。幼虫期30～40天，共6～7龄，第一代幼虫网幕多集中在防护林或绿化带树冠中下部外缘。第二、三代幼虫网幕多集中在树冠中上部外缘。5龄以后分散为害葡萄等。能将葡萄叶片全部吃光，造成树势衰弱，早期落叶，幼树如连续受害，可致死亡。

【防治措施】

①利用幼虫 4 龄前（6 月 10 日前）在网幕内集中取食危害的习性，经常检查葡萄园周边防护林或绿化带，及时剪除美国白蛾网幕，集中烧毁或深埋，防止害虫进入葡萄园。

②对于进入葡萄园的幼虫，可以使用高效氯氰菊酯 1 500 倍液或阿维菌素 2 000 倍液等进行局部喷药防治。

第十一章 设施葡萄休眠期的管理

我国地域辽阔，气候差异大。葡萄作为多年生，分布范围最广的落叶果树树种，在不同区域，其休眠越冬表现出很大差异，相应管理措施也不尽相同；而且我国葡萄大部分分布在冬季需要防寒的北部地区，对树体休眠特点、抗寒性、冻害的发生与预防及防寒方法等研究显得尤其重要；葡萄设施栽培使得设施内环境条件发生改变，葡萄休眠期的管理也出现了新的技术问题。

一、葡萄树体休眠特性

葡萄休眠是对环境的一种适应性表现。葡萄植株经过夏季的营养积累与秋季陆续低温锻炼之后，便进入越冬休眠状态。葡萄植株器官不同，越冬休眠表现也有所差异，一般枝芽休眠深，根系无休眠。由于枝芽具有休眠的特性，对外界环境适应性强；而根系没有休眠特性，对外界环境适应性也较差，应加强对根系的越冬保护。

休眠是植物在长期进化过程中形成的一种抵御不良环境的自我保护方式。葡萄的休眠分为自然休眠（生理性休眠）和被迫休眠两个阶段。通常以秋后落叶作为进入休眠状态的标志。实际上露地葡萄枝条中下部的冬芽 7 月份（枝条变黄即开始木质化时）即已进入预休眠状态，8 月份进入休眠状态，9～10 月份休眠已不可逆转，即扦插后不再发芽，11 月份落叶后进入后自然休眠，即经过连续 7～15 天的低温（7.2℃以下）生理性休眠已不可逆转。如果低温间断，休眠时间反会加倍延长。一般植株落叶后经过30～40天低温时间，于12月下旬结束自然休眠，如果环境温度适宜即可发芽，如果温度不适仍继续进行休眠即被迫休眠，在北方寒冷地区这种休眠可从12月份持续到次年4月份。

根据日本加藤彰宏等开展加温及石灰氮处理打破葡萄休眠试验，结果如图11-1，说明了葡萄休眠的具体时间及打破休眠的有效时间。根据升温及石灰氮处理之后到萌芽时间的长短，体现出所处休眠的深度水平，表明葡萄从9月份开始进入深度休眠阶段，其中10月份达到峰值（最深），12月末显著变浅，该结果也进一步证实，葡萄9月份进入自然休眠，12月末是结束自然休眠的临界期。整个11月、12月份，葡萄植株还处于休眠阶段，设施葡萄欲早萌芽、依赖升温也能打破休眠，但进程缓慢，而通过石灰氮等处理可以打破休眠使进程加快。

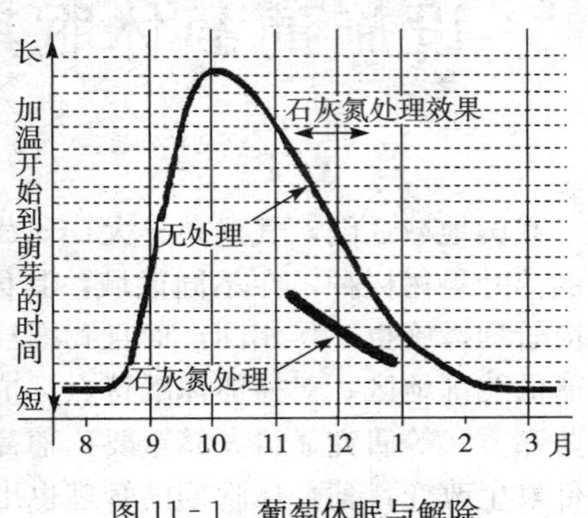

图11-1　葡萄休眠与解除
（加藤彰宏，2001）

葡萄植株各部进入休眠的时间有早有晚，其顺序通常由上往下，根颈部位最晚，根系无休眠。早休眠的组织或器官抗低温冻害能力强，晚休眠的组织或器官就容易受低温冻害。故在我国东北、西北等冬季需下架埋土防寒地区的葡萄，一些抗寒力差的欧亚种葡萄如红地球，幼树期不能等到正常落叶后修剪下架，应带叶修剪，提早下架埋土防寒。

二、葡萄解除休眠技术

根据葡萄的休眠方式分成自然休眠和被迫休眠，其解除休眠的方法有所不同，应根据葡萄的栽培地域、栽培方向或目标及栽培设施而异。

1. 葡萄被迫休眠的解除　北方葡萄被迫休眠是环境低温所导致，有时这个低温还很漫长，需要给予足够的温度，休眠方可结束。北方除部分日光温室促早栽培（12 月末前升温）葡萄自然休眠没有充分满足外，一般自然休眠能得到充分满足，甚至还有一段被迫休眠时间，可见寒冷是北方发展设施葡萄的优势所在。以沈阳地区为例，自然条件下，葡萄 12 月末可结束自然休眠，1～4 月份都是被迫休眠阶段（图 11－1），在被迫休眠阶段可随时通过设施增温打破休眠，实现促早栽培；而 12 月末前升温，葡萄尚处于自然休眠阶段，需要人为破眠。

2. 葡萄自然休眠的解除　葡萄自然休眠是生理表现，必须通过人工的生理化学方法来解除，石灰氮的应用解决了这一难题。目前，解除自然休眠，主要在如下方面应用。

（1）*北方日光温室促早栽培*　北方日光温室葡萄为了实现促早栽培，往往需要在 12 月末之前增温，而在这阶段自然休眠没有结束，需要人为使用生理化学方法打破休眠。

（2）*南方设施葡萄促早栽培*　南方葡萄休眠是自然休眠，但休眠期温度一直处于波动的状态，休眠不彻底，休眠期要延长，为了实现促早栽培，也需要人为使用化学方法打破休眠，因为依赖增温打破休眠，需要时间过长，很难达到早采收、提高经济效益的目的。南方露地葡萄有的区域也存在休眠不彻底的问题，萌芽不整齐，树势衰弱，产量及品质下降等，也需要化学方法打破休眠。

（3）*葡萄一年多收*　有效积温高的地区或设施类型，为了充分利用热量资源，满足市场需求，开展了一年多收生产，实现了一年二收及三收，为此，根据葡萄上市目标，需要在葡萄自然休眠期用石灰氮等解除休眠，诱导葡萄枝条随时萌芽，随时结果。

3. 石灰氮在打破葡萄休眠方面的应用　在葡萄促成栽培或

一年多收栽培中，需要提早解除自然休眠，促使葡萄早萌芽、多萌芽并萌芽整齐，缩短增温时间，达到早开花、早结果、早上市的目的。植物体内抑制萌芽的激素是脱落酸，根据日本学者崛内昭作（1977）的研究，发现石灰氮有促进葡萄体内脱落酸降解的作用，为此，国内外主要采用石灰氮涂抹结果母枝冬芽的方法，促使其解除休眠。

石灰氮的化学名称为氰氨基化钙（$CaCN_2$），商品为灰色粉末。日本及我国台湾、广西等地用其打破葡萄休眠，实现巨峰及先锋等一年多收。我国南方设施葡萄及北方日光温室促成栽培葡萄，部分也开始应用其打破休眠。石灰氮使用技术如下：

（1）*使用时间*　南方以提高萌芽率和萌芽整齐度为主要目的，宜在常规萌芽前20～35天处理；大棚及封闭避雨棚促成栽培要在覆膜前后进行，处理越早萌芽越早。

北方如沈阳地区日光温室葡萄实现促早栽培，如果需要在12月末以前升温，需要石灰氮处理；而12月末以后升温的葡萄植株，一般不再需要石灰氮处理，因为此时葡萄自然休眠已经结束，休眠期得到满足，温度适宜即能萌芽。

（2）*使用方法与处理部位*　我国主要采用涂抹法，用小刷涂结果母枝上指定的冬芽；日本大部分采用机器喷涂法，处理的部位是整个结果母枝。如果采用人工涂抹方法，每个结果母枝顶端的1～2个芽可留下不处理，发挥其自身的顶端优势作用已经足够了，下部冬芽根据需要选择性处理，希望哪个部位的芽萌发，处理相应的芽。

石灰氮处理液是黑色有沉淀的液体，涂抹结果母枝上，很易辨别那个枝条处理与否，可防止漏涂或重涂。

（3）*使用浓度*　为了提前打破休眠，提高萌芽率和萌芽整齐度，天津林业果树研究所（1997—1998）对加帘大棚栽培的乍娜开展不同浓度的石灰氮处理研究，结果浓度为16%～20%的液剂处理效果好，不仅萌芽整齐，且萌芽、开花及果实成熟时间提早1个月左右。

另根据杨治元研究，使用企业生产浓度为50%的氰氨（H_2CN_2），对水30倍，即浓度为1.6%，效果也非常好；广西南宁白先进等开展葡萄冬果生产，采用50%单氰氨15～20倍液处理，效果稳定；市场上其他的石灰氮制剂也较多，如“荣芽”等，应参考其说明浓度使用。

（4）*配制方法*　按照所需浓度，首先将一定量的石灰氮放置于塑料容器内，后用相应量的70℃水浸泡溶解2小时，搅拌均匀，自然冷却后使用。澄清液及混浊液都有效果可兼用。配制中不能用冷水稀释。药液应现用现配，时间长药液易挥发，会降低药效。

（5）*注意事项*　石灰氮有腥臭味，在水溶液中微酸性条件下可产生游离的氰氨，该物质对人体有害。使用时应防止原剂粉末或配制后的药液通过口、鼻、眼及皮肤等器官进入体内，应安全操作，工作后应及时清洗。石灰氮宜在阴凉干燥环境保存，并避免儿童接触。

三、葡萄树体抗寒能力与抗寒栽培

我国发展设施葡萄，气候类型复杂，在寒冷地区，严寒对设施葡萄发展有重大影响，需要了解葡萄树体抗寒能力，探索抗寒栽培方法。

1. 葡萄树体抗寒能力　葡萄由于发源地的不同，不同种和不同品种对低温的适应能力有较大的差别。起源于中亚及地中海一带的欧亚种葡萄，正常成熟和通过抗寒锻炼过程进入深休眠的枝条，其芽眼可耐－18～－16℃的低温。起源于北美的美洲种葡萄，处于休眠期的枝条，其芽眼可耐－22～－20℃的低温。杂交种葡萄的抗低温能力，大多处于父母本抗性的中间状态，如欧美杂交种的巨峰葡萄，休眠中的枝芽可耐－20～－19℃。但是，葡萄的根系因无休眠特性，一般抗低温能力很差，大部分欧亚种葡萄的根系只耐－4.5～－4℃，其细根－5℃即冻死；美洲种葡萄的根系能忍受－6℃左右的低温；欧美杂交种根系可抗－7～－5℃；美洲杂交种如贝达葡萄的根系可抗－12～－11℃，因此贝达在我国一般作为抗寒砧木利用。

我国地处北温带，从鲜食葡萄栽培区域化方面分析，我国大部分鲜食葡萄栽培在冬季严寒或寒冷的葡萄栽培次适宜区域，由寒冷导致的冻害是葡萄发展的限制因素之一；多年来，我国北方防寒地区的露地鲜食葡萄栽培，在栽培技术，防寒方法与措施方面积累了一定的经验，从提高树体抗寒性的角度出发，选择合适的抗寒性砧木，嫁接栽培，简化防寒，可以抵御或减轻冻害的发生，这些技术也为当地设施葡萄栽培提供了技术保证。

2. 葡萄抗寒栽培

（1）葡萄防寒区域的确定　多年绝对最低温度高于－15℃的地方，葡萄可不埋土越冬，而在低于－15℃的地方必须进行程度不等的覆土，葡萄才能安全越冬，因此确定冬季最低气温平均值达到－15℃以下的地区为葡萄防寒区域。根据气象资料，我国寒冷地域葡萄重点产区绝对最低气温，如表 11－1，其中安徽萧县和山东烟台为葡萄露地越冬的临界地区，有的年份也会出现冻害。南方各地葡萄均可露地安全越冬，但海拔高的小气候环境也需覆盖防寒越冬，处于－15℃线以南附近地区，对欧亚种葡萄（如红地球、克瑞森无核、美人指、里查马特、无核白鸡心等）幼树（定植1～2 年）自根植株仍然需要埋土防寒越冬，3 年生以后因根系已深扎，提高抗低温能力，可以不下架埋土越冬。

表 11－1　我国北方各地绝对最低气温

（吴景敬，1982）

地　点	纬度（北纬）	绝对最低气温（℃）
河南省郑州市	34°43′	－12.2
安徽省萧县	34°04′	－14.6
山东省青岛市	36°11′	－16.4
山东省烟台市	37°32′	－15.0

（续）

地　点	纬度（北纬）	绝对最低气温（℃）
山东省济南市	36°41′	－19.2
山东省平度市	36°47′	－18.0
北京市	39°57′	－22.8
河北省昌黎县	39°41′	－24.6
辽宁省大连市	38°54′	－20.0
辽宁省沈阳市	41°17′	－32.9
山西省清徐县	37°40′	－18.5
吉林省公主岭市	43°30′	－34.5
吉林省长春市	43°53′	－36.5
黑龙江省哈尔滨市	45°45′	－41.4
甘肃省兰州市	36°01′	－24.8
新疆维吾尔自治区吐鲁番市	42°58′	－28.3
新疆维吾尔自治区和田地区	37°07′	－20.5

设施葡萄冬季是否需要埋土防寒，取决于所处区域、设施类型等因素，应根据当地露地葡萄冬季是否需要埋土防寒的实际而定，也根据设施冬季是否采取保温覆盖而定。概括地说，在冬季葡萄需要埋土防寒地区，设施葡萄除开展保温覆盖外，也应参照露地葡萄防寒。

（2）*葡萄防寒覆土规格确定的依据*　多年的生产实践经验表明，凡是越冬期间能保持葡萄根桩周围 1 米以上和地表下 60 厘米土层内的根系不受冻害，第二年葡萄植株就能正常生长和结果。葡萄冻害主要表现为根系冻害。葡萄根系在土壤中的分布主要集中在距地表 60 厘米的土层内，这个范围的根系占根系总量的 70％～80％，其他 20％～30％的根系不规则的分布在葡萄栽植沟或葡萄行间。

根据沈阳农业大学在辽宁省各地的调查，发现自根葡萄根系受冻地温临界值为−5℃，温度低于临界值，根系就会发生冻害；同时也观测到，沈阳历年−5℃地温发生在50厘米深度，鞍山为40厘米，熊岳为30厘米，则防寒土堆的厚度和宽度分别为：沈阳地区为50厘米×200厘米、鞍山市40厘米×180厘米、熊岳地区为30厘米×160厘米。吕湛对处于海拔722米、无霜期120～130天的河北宣化葡萄园冻土层不同深度的地温值调查(表11-2)，结果−5℃的地温在冻土层40余厘米，因此自根葡萄在河北宣化的防寒土厚度应大于40厘米。实际上，根据河北宣化历年地温稳定在−5℃的土层深度作为防寒土堆的厚度，而防寒土堆的宽度为1米加上2倍的厚度，即河北宣化防寒土堆的厚度和宽度应大于40厘米×180厘米。

此外，沙地葡萄园由于沙土导热性强，而且易透风，防寒土堆的厚度和宽度需适当增加。

表11-2 河北宣化葡萄园冻土层不同深度的地温值

（吕湛，1977）

冻土层深度（厘米）	土壤温度（℃）
10	−13～−12.6
20	−10.8～−7.6
40	−7.7～−4.2
80	−3.4～−1.1

注：调查时间1977年2月22日和23日，最厚冻土层厚度为136厘米。

采用抗寒砧木嫁接栽培，葡萄抗寒能力提高，冬季防寒土厚度和宽度可以比自根栽培成倍减少。目前北方推广的葡萄抗寒砧木贝达等，其根系可抗−12℃左右的低温，如贝达砧嫁接苗在河北宣化和辽宁沈阳地区，防寒土厚度规格可以减少到25～35厘米，宽度1.0～1.2米（图11-2），且该防寒方法经过了长期越冬考验。推广葡萄抗寒砧木嫁接栽培，减少防寒土方量，大大地减少了防寒及除防寒的用工，节省大量人力和资金。

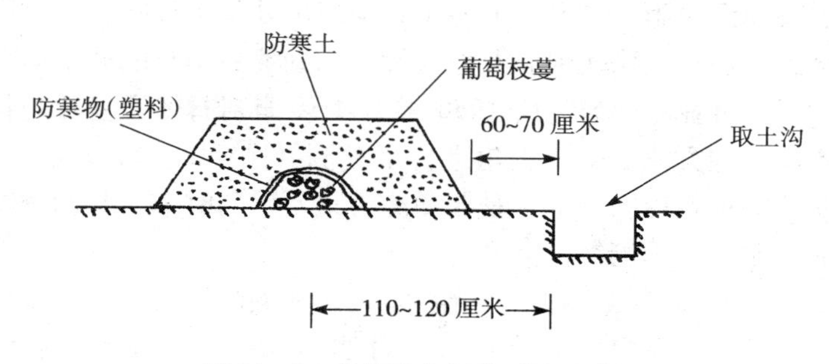

图 11-2　葡萄防寒规格（贝达砧）

四、葡萄越冬防寒技术

设施葡萄的越冬管理是葡萄栽培成功与否的关键技术之一。因此，应该注重这一环节的管护工作，不要掉以轻心。管理得当，葡萄植株就能安全越冬，并为来年的丰产打下良好的基础。

1. 葡萄越冬防寒基础知识　在我国冬季最低气温达到－15℃以下的地区，设施葡萄越冬也要考虑防寒问题。

处于休眠期的葡萄植株对低温有一定的抵抗能力，为了增强葡萄植株的抗寒能力，葡萄采收后期应该开始减少灌水次数，防止植株旺长，促使枝条和芽的成熟度提高，使其逐渐适应越来越低的温度，并顺利通过低温锻炼，增强抗寒能力。

影响葡萄安全越冬的因素有两个，一个是低温，另一个是旱风。在我国南方，冬季温度比较适宜，而且冬季也下雨，空气湿度较大，葡萄植株可以自然越冬；但在北方大部分地区，冬季气候干燥、旱风多，温度普遍偏低，葡萄植株容易遭受低温冻害和因旱风影响而造成枝条抽干，为了确保葡萄植株安全越冬，保证来年有一个很好的收成，在冬季来临之前必须做好越冬防护工作。

2. 日光温室、大棚冬季温度日变化特点　冬季，日光温室与大棚葡萄处于生长或越冬休眠状态两种形式。日光温室由于有保温及加温设施，在严寒的冬季葡萄即可处于生长状态，也可处于休眠状态；大棚无保温及加温设施，葡萄冬季只能处于休眠状态。天津林业果树研究所 1986 年 1 月 10 日对日光温室及塑料大棚不同管理方式温度日变化进行了观测（图 11－3），1 月 10 日正是北方最寒冷的季节，是葡萄冻害易发生的时节，其调查结果具有说服力。观测结论分别为：

（1）加温日光温室　日光温室进入加温阶段后，温度日变化人为控制在最低温度 17℃，最高可达 30℃，该温度不会导致低温冻害，这阶段不必考虑越冬防寒问题。

（2）日光温室每天揭草帘升温　日光温室进入每天揭草帘升温阶段后，温度日变化维持在最低温度 5℃，最高可达 20℃，也不会有低温冻害，这阶段也不必考虑越冬防寒问题。

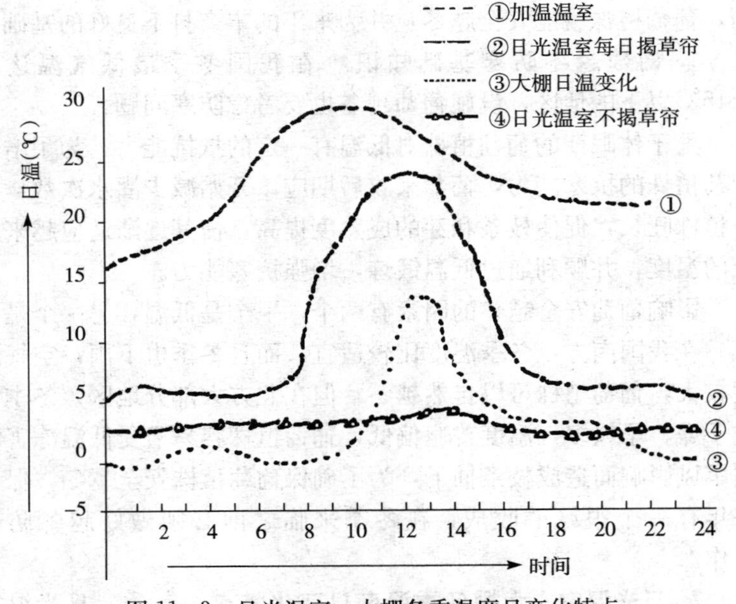

图 11－3　日光温室、大棚冬季温度日变化特点

（天津，1986 年 1 月 10 日）

(3) 日光温室不揭草帘　日光温室葡萄休眠阶段不揭草帘，白天能阻止透光增温，夜间减少辐射降温，能够保持室内温度日变化一直处于相对恒定的较低温状态；温度日变化波动小，且温度较低，对葡萄越冬休眠有利。天津地区，冬季不太寒冷，外界气温波动小，日光温室内温度一直维持3℃左右（图11-3），适合葡萄植株越冬休眠的需求。另外，沈阳市林业果树研究所于2010年2月10日，对沈阳地区冬季一直覆盖保温材料日光温室葡萄进行温度变化观测，发现气温波动范围在－7～0℃（图11-4），这样温度变化也适合葡萄植株越冬休眠。可见，北方日光温室葡萄冬季覆盖保温材料是合适的越冬防寒方法。

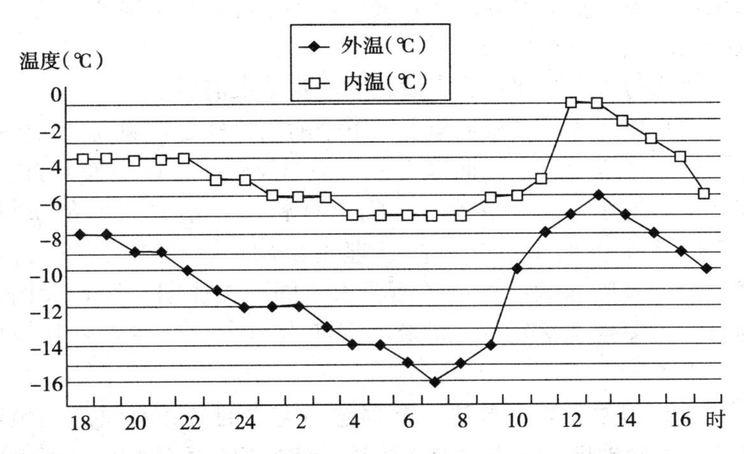

图11-4　日光温室覆盖保温材料内外温度日变化特点
（沈阳，2010年2月10日）

(4) 大棚　大棚由于没有保温覆盖物，温度日变化剧烈，夜间温度低，白天温度高，频繁出现大于7.2℃的温度，温度一直处于大幅波动状态（图11-3），葡萄植株休眠不彻底，对葡萄休眠不利，不是合理的越冬管理方法。另据沈阳市林业果树研究所（2009年1月）对沈阳地区的大棚内温度变化调查表明，冬季1月份日最高气温可达20℃，夜间最低气温可达－20℃，温度波动大，葡萄越冬休眠不彻底，与天津林业果树研究所的调查结论一致；沈阳市林业果树研究所（2009年），对沈阳地区的大棚内不下架防寒的巨玫瑰葡萄越冬冻害调查发现，冻害抽条严重，绝产。由此可见，北方大棚葡萄栽培还需要防寒越冬，详见下文。

3. 埋土式防寒技术 冬季寒冷地区，在设施环境不能保证葡萄越冬需求的情况下，应继续采用传统的埋土式防寒方法。

（1）*防寒时间* 应当安排在当地设施内土壤结冻前1周左右进行，不宜太早也不宜太晚。这样既可以使植株得到充分的抗寒锻炼，提高其抵御低温能力，又可防止土温过高，湿度过大，造成病菌滋生浸染枝蔓和芽眼。

解除防寒的时间，要求设施内晚霜结束前后。

（2）*操作方法* 将从架上取下来的葡萄枝蔓，顺其自然生长方向将枝蔓压倒放平，捆绑，注意动作要轻缓，以免使其折损。放平后，先在枝蔓上覆盖一层隔离材料，如塑料、彩条布等，然后浇透水再用土埋实。注意埋土要均匀，要拍实，不留缝隙。埋土厚度和宽度规格各地要求不同。在沈阳地区，大棚葡萄防寒土厚度为20～25厘米，宽度为60～100厘米，其他地区可以参考。

4. 设施葡萄防寒方法 葡萄越冬需要的是相对恒定温湿度环境，寒冷地区日光温室及大棚等设施葡萄冬季休眠期需要考虑越冬防寒问题。

（1）*日光温室葡萄防寒方法* 日光温室葡萄采用覆盖保温材料方法防寒。具体做法为：秋季葡萄修剪完毕后（也可升温后1周左右修剪），树体不必下架，灌溉充足越冬水，然后在设施上覆盖棚膜、保温被或草帘等保温材料，如没有特殊需求，可一直覆盖（彩图11-1）到升温始期，达到防寒越冬的目的。

日光温室覆盖防寒方法的优点是葡萄树体不必上、下架，对树体无损伤。

对于冬季不覆盖保温材料的日光温室，应参考大棚防寒。

（2）*大棚葡萄防寒方法*　在露地葡萄需要埋土防寒的区域，大棚葡萄也要参照露地葡萄越冬防寒方法；防寒可简化，即防寒土规格可缩小。对有纸被及保温被等保温材料覆盖保温的大棚，可通过覆盖保温材料方法参照日光温室防寒越冬。

第十二章 设施葡萄采收、分级及包装技术

一、设施葡萄采收

采收是葡萄田间生产中最后一个环节，适时科学的采收直接关系到当年葡萄收获量、浆果品质和生产者经济效益。而葡萄采收后的分级、包装及运输销售等产后处理科学有序进行，才能使设施葡萄这个农产品真正成为葡萄商品，对鲜食葡萄起到产后保值和经营增值的作用。长期以来，我国葡萄包装处于最原始的水平，产后运输与销售很不方便，并且损耗惊人，为了提高产品的附加值，必须重视包装在葡萄生产中的作用。

1. 采收成熟度 根据不同用途，设施葡萄浆果的成熟度可以分为3种类型。

（1）*可采成熟度* 也可以理解为市场需求成熟度。糖度较低，酸度稍高，肉质较硬，品种固有品质特性还没有充分体现。综合品质不高，没有达到鲜食葡萄最佳食用时期。不耐贮运，货架寿命短。

处于这个成熟度设施葡萄浆果实际不提倡采收，但目前设施促早栽培中，为了追求利益最大化，浆果早采收已经司空见惯了，实际上有些葡萄品种绝对酸度较低，适当早采收，满足市场需求，从口味上也易被消费者接受，这类的品种如乍娜、87－1、京玉、粉红亚都蜜、无核白鸡心及维多利亚等。

在设施水果的促成栽培中，早采收现象非常普遍，这种现象

实际是促成栽培水果市场供不应求的体现。随着科技进步，培育出更早熟的优质品种或更优良的促早熟产品和应用技术满足冬季和早春水果市场对葡萄鲜果的需求，做到市场供需的平衡，果实过早采收的问题将迎刃而解。

（2）食用成熟度　果实已经成熟，达到该品种应有的色、香、味，食用最佳口感并适于鲜食品种的贮运。目前我国设施及露地葡萄主要集中在这个成熟度采收。

（3）生理成熟度　果实已充分成熟，种子变褐色，浆果肉质开始软化，糖酸比达到最高，色、香、味俱佳，适于当地鲜食品种上市，但不耐贮运，货架寿命短，需要小包装、冷链运输等。在我国目前情况下，葡萄在生理成熟度只适合就地就近葡萄园和观光葡萄园采收。在日本，葡萄采收后，包装、冷链运输等已经得到普及，设施葡萄与露地葡萄都在生理成熟期采收，值得我们发展借鉴。

2. 判断成熟度的方法

（1）果皮色泽　葡萄浆果成熟后，其固有色泽也完全体现出来，通过色泽的差异，可判断成熟度的差异。具体而言，白色品种由绿色变黄绿或黄白色，略呈透明状；紫色品种由绿色变成浅紫色、紫红色；红色品种由绿色变浅红或深红色。在我国，巨峰还是主导品种，采收色泽一般为紫红或紫黑色，很少推迟到蓝黑色采收；在日本巨峰必须达到蓝黑色才允许采收，为了量化色泽指标，以色卡来表现，色卡通常分成10个色度等级（表12-1），巨峰葡萄色度只有达到10级的标准才能采收，而我国巨峰葡萄色泽在3～9级即采收了。

表12-1　巨峰葡萄的果皮颜色与色卡对照表

色泽	黄绿	浅红	红	紫红	红紫	紫	黑紫	紫黑	黑	蓝黑
色度	1	2	3	4	5	6	7	8	9	10

（2）主要生理指标　果实成熟过程中，糖、酸及淀粉等含量

变化可以反应成熟变化规律，在酸度消减与糖度的上升过程中，糖度、酸度的数值是判断成熟度的生理指标，这种指标用可溶性固形物含量来表示，可用手持折光测糖仪来测量。如巨峰葡萄等当可溶性固形物含量在15％以上、酸度在0.6％以下时，可以采收。

实际上，有些葡萄品种单独依据可溶性固形物指标来确定采收成熟度是有偏颇的，对于低酸度葡萄品种（如京玉、维多利亚等），对可溶性固形物要求可低些，对于高酸度品种（如京亚等），对可溶性固形物要求可高些。

（3）果肉质地与风味　浆果成熟时无论是脆肉型还是软肉型品种，果皮往往富有弹性，肉质柔软多汁或酥脆，程度因品种而异。通过品尝果实风味和香气等综合口感，是否体现本品种固有的特性来判断。

（4）果粉变化　葡萄成熟过程中，果皮形成一层蜡质的物质，即果粉。果粉呈现早晚、薄厚是成熟的标志，成熟早的品种果粉呈现早，充分成熟的浆果果粉厚。葡萄果粉因品种不同，厚度也不一样，栽培方式不同其保持的完整性也不同，设施栽培（含套袋），浆果避免雨水冲刷，果粉保持完整，能有效避免病菌等威胁浆果。果粉也是外观品质的重要指标，果粉保持完整，表明葡萄新鲜、美观，可见葡萄在采收与销售过程中应注意保持果粉的完整性。

（5）穗柄变黄　从穗柄由半木质化到木质化过渡，颜色变黄，是果实成熟的重要标志。

3. 确定采收期　根据上述果实成熟度的标准，可以确定正确的采收日期。但是，葡萄浆果成熟度很不一致，同一品种、同一设施、同一树上的果实，成熟度往往并不相同，一般都应分期采收，即熟一穗采一穗、熟一批采收一批，以减少损失和保证浆果品质。

设施葡萄应该在浆果成熟的适期采收，这对浆果产量、品质和贮运性有很大的影响。采收过早，浆果尚未充分发育，果粒和果穗较轻，产量减少，糖分积累少，酸度大，着色差，未形成葡萄浆果固有的品质和风味，鲜食乏味，易失水、发病，货架寿命短，损耗增加，没有市场竞争力。根据陈履荣教授对巨峰葡萄浆果生长发育和糖酸变化规律的研究（1990），巨峰葡萄提早 15 天采收，一般减产 18.5％，可溶性固形物下降 5.4％（绝对值）。采收过晚，易落果，果皮皱缩，果肉变软，有些皮薄品种还易裂果，招来蜂、蝇等害虫，并导致病害发生，造成“丰产不丰收”，同时由于晚采收造成大量消耗树体贮藏养分，削弱树体抗寒越冬能力，甚至影响次年生长和开花结果。

为了继续提高浆果品质，可以适当延迟采收。在日本葡萄延迟采收非常普遍，如表 12－2 为日本长野不同采收时间巨峰葡萄品质的变化情况，可见 9 月中旬色卡值接近 10，说明葡萄已经进入充分成熟期了，但实际采收工作一般还要进行到 10 月中下旬；而长野的气候与我国江浙地区差不多，江浙地区栽培的巨峰 8 月份一般采收完，生育期更短的东北地区，是我国巨峰葡萄的主要产地，浆果在 9 月末也必须采收结束，否则将受到霜害的威胁，可见目前我国葡萄采收中普遍存在着早采收（即没有达到食用成熟度）的问题。

表 12－2　不同采收时间葡萄品质的变化

（日本长野，1995）

月/日	7/29	8/1	8/5	8/12	8/16	8/18	8/27	9/9	9/16	9/23	10/3	10/10
色泽	0.1	0.7	2.5	4.7	6.0	7.9	9.0	9.8	10.0	9.5	10.0	10.4
纵径	22.9	23.2	23.9	25.4	26.0	26.2	26.8	27.0	27.1	27.3	27.3	27.6
横径	21.0	21.0	22.7	24.1	24.5	24.7	25.6	25.1	25.2	25.3	25.4	25.4

早采收的葡萄品质较差，贮运性不好。特别是对一些早熟葡萄品种，如京亚，若上色之后即马上采收，可溶性固形物仅仅达到 14％，酸度非常大，会毁坏该品种的信誉；早采收现象在葡

萄设施促成栽培中更加严重，在高利润的驱使下，盲目早采收；露地巨峰及红地球等中晚熟品种由于早采，色泽差、糖低酸高，口感差，不耐贮运。所以，在消费者心目中国产葡萄的地位不高，导致国外葡萄不断涌入。为挽救我国设施葡萄生产危机，应认识到早采收的危害，杜绝早采。

设施为葡萄发展提供了良好的环境，能有效地避免葡萄在延迟采收中的各种灾害，确保延迟采收的正常进行，所以应积极发展葡萄设施栽培，提高我国葡萄品质。

二、设施葡萄品质指标

鲜食葡萄浆果质量品质标准，即包括看得见、摸得着的外观品质指标，又包括内在的品质指标，商品品质指标和卫生指标，四者缺一不可。

1. 外观品质指标

（1）*果穗大小*　葡萄果穗由于品种的遗传特性差异和商品要求的不同，其果穗规格指标具有较大的差异，应符合国家 NY/T 470 标准规定。如红地球 600～800 克，巨峰 400～500 克，玫瑰香 350～400 克等。果穗大小是一个重要的葡萄果实分级指标，日本在葡萄分级时把大穗的巨峰群葡萄分成 4 级：特大（2L），穗重大于 350 克；大（L），穗重 300～350 克；中等（M），穗重 200～300 克；小（S），穗重小于 200 克。把小穗的早生康贝尔分成 3 个等级：特大（2L），穗重大于 350 克；大（L），穗重 200～350 克；中等（M），穗重小于 200 克。

（2）*果穗松紧度*　穗形要端正、整齐，松紧适度，浆果分布应匀称；过紧的果穗坚硬、失去弹性，在包装中浆果容易挤压破损，或浆果与果柄松动，形成离层，引起病菌易侵染，导致贮运失败。国内外对红地球葡萄栽培采用赤霉素拉长花序处理，意义就在于此。

（3）*果粒大小*　充分发育，大小一致，达到该品种应有大小，没有小青粒，没有叶磨等伤痕，符合国家NY/T 470标准规定。如要求玫瑰香葡萄果粒重4.5～5.5克，巨峰达到10～13克，红地球达到12～14克。国外葡萄果实分级时，果粒大小也是一项重要的分级指标。如日本对大粒的巨峰分成3级：特大（2L），粒重大于12克；大（L），粒重10～12克；中等（M），粒重8～10克。

果粒形状也是重要的质量品质指标，长果形（牛奶、里查马特、无核白鸡心、美人指等）比椭圆形（巨峰、玫瑰香等）、圆形（香悦、蜜汁等）等更加引人注目，市场价格一直攀高，生产中有针对性地选择长果型品种是必要的。我国鲜食葡萄的感官要求应符合表12-3规定。

表12-3　鲜食葡萄感官要求

（修德仁，2004）

项　目	指　　标
果　穗	典型且完整
果　粒	大小均匀、发育良好
成熟度	充分成熟果粒≥98%
色　泽	具有本品种应有的色泽
风　味	具有本品种固有的风味
缺陷果	≤5%

果粒大小整齐度是重要的外观品质指标，应整齐一致。

（4）*果皮色泽*　应该具有该品种的典型色泽，而且应着色一致，对果穗、果粒没有阴阳面之别。宏观上可以把果皮色泽分成黑、白（黄）、红三大主色，各大主色彩中根据色泽发育的深浅，具体细分如下：

黑色：紫黑（玫瑰香）、蓝黑（秋黑、瑞必尔）。

白（黄）色：白（无核白）、黄（京玉）、绿黄（维多利亚）。

红色：玫瑰红（红意大利）、鲜红（红地球）、紫红（秋红、乍娜)。

(5) *果粉*　果粉是可食用蜡质物的积累，对果实具有保护作用，对人体新陈代谢有积极影响。发育充分的葡萄浆果都有果粉，果粉的薄厚因品种而有差异，如龙眼、巨峰等果粉厚，玫瑰香果粉薄。果实处于不同成熟阶段，果粉的薄厚也不一样，充分成熟的浆果果粉厚。葡萄在采收、贮运及销售过程中应尽量保持果粉完整，对于延长葡萄贮藏或销售时间有积极作用。

同一个品种果粉的有无、薄厚等，决定该品种的成熟度与新鲜度，可见果粉也是重要的商品品质指标。

(6) *果面光洁度*　在葡萄栽培过程中，应尽量减少或防止如鸟兽、病虫、冰雹等对果实表皮的机械损伤，采收时要避免野蛮采收，降低对浆果的损伤；葡萄生产的园址选择应避开大型工矿企业或机动车辆尾气的污染源，葡萄园周边应营建防沙尘林带，环境标准应达到绿色或无公害标准。生产经验得出，葡萄套袋是提高果面光洁度的科学方法。

2. 内在品质指标

(1) *含糖量与糖酸比*　通常葡萄含糖量用可溶性固形物（折光糖度）含量表示，一般成熟的葡萄浆果固形物含量16%～20%，可滴定酸0.4%～0.7%，糖酸比为25～35。具体品种如巨峰可溶性固形物含量16%～18%，红地球17%以上。

(2) *芳香物质*　葡萄浆果的芳香类型可分成玫瑰香型(muscat)和草莓香型(foxy)。玫瑰香葡萄具有典型的玫瑰香风味，过去仅欧洲种中的部分品种有玫瑰香味，近年来通过杂交育种有些欧美杂交种也导入了玫瑰香风味的基因，如夕阳红、巨玫瑰等；草莓香风味存在于美洲种和部分欧美杂交种中，如早生康贝尔葡萄有典型的草莓香风味，巨峰等欧美杂交种也保留了部分美洲种的草莓香风味。全世界各地普遍认为玫瑰香风味是极好的性状，多数人喜欢；多数亚洲人对草莓香风味不反感，这是巨峰群品种在亚洲大陆得到大面积推广的主要原因，伴随消费水平的提高与巨峰群葡萄新品种的培育，其草莓香味的基因在巨峰群葡萄中有逐步被淘汰的趋势。

（3）*果肉质地* 果肉质地可以分成软（蜜汁、金星无核、早生康贝尔等）、中等（巨峰、巨玫瑰、玫瑰香、无核白鸡心等）、硬（汤姆逊无核、红地球、秋红等）3种类型；果肉硬度大，浆果耐贮运性强，货架寿命长，也是良好的商品品质指标。值得一提的是，伴随巨峰群葡萄育种的深入开展，其内部也分化出果肉质地较硬的新类型，如安艺皇后、夏黑和状元红等品种，是新的发展趋势。

（4）*有无核* 果实中有无核也是一项重要的品质指标，尤其在西方表现突出，都喜欢吃无核葡萄，为此栽培上或品种选择要有所倾向。

3. 商品品质指标 鲜食葡萄商品品质指标除包含上述外观品质指标和内在品质指标外，还应考虑包装、贮藏保鲜、运输、销售等商品流通环节对鲜果的特殊要求。

（1）*浆果与果柄的附着力（耐拉力）* 果刷长，维管束粗、分支多，有利于提高浆果与果柄的附着能力，即耐拉力；同时果肉质地也对附着能力有影响，一般果肉硬，浆果附着力大。浆果与果柄的附着能力大小，直接影响果实的包装性能和耐贮运性，附着力大，浆果耐贮运；通常葡萄浆果附着力分成小（蜜汁、金星无核、醉金香等）、中等（玫瑰香、无核白鸡心等）、大（汤姆逊无核、红地球、秋红等）3个等级。

（2）*果柄、穗梗的柔软度* 果柄或各级穗梗柔软而有弹性，浆果耐包装、运输与贮藏；否则果柄、穗梗脆、硬，穗轴易断裂，浆果易脱落，或浆果与果柄之间容易局部分离形成伤口（如巨峰品种），病菌易侵染等都可导致贮运失败，或缩短货架寿命。

三、设施葡萄采收技术

目前我国设施葡萄采收、分级、装箱等作业往往一次在田间完成到位，只有大的场圃才具备专业的分级车间与设备；国外葡萄分级包装已经非常专业化，值得我们借鉴。合理采收能保持果穗完整无损、整洁美观，利于贮藏保鲜和延长货架寿命。因此，对采收技术必须严格要求。

1. 采收工具 包括采收用的采果剪、采果篮（筐）、攀高用的垫高凳等，包装用的装果箱及标签、装果膜袋等，称量用的台秤，搬运葡萄浆果在设施内用的平板车等，大型场圃还应具备果实短途运输的机动车。

（1）采果剪 为防止采果时操作伤及果穗其他部位，以圆头剪刀为好。稀果剪是目前比较好的采果剪（图12-1）。

（2）采果箱 一般是塑料筐或塑料箱，传统的竹木筐应内衬布、纸等比较柔软的底垫，起到缓冲作用，防止葡萄受到摩擦或划伤。塑料筐一般为手提式，容量为1～5千克，可放双层果，适合观光园小批量采收；塑料箱一般容量为10千克左右，是葡萄采收及运输到分级车间的专业箱（图12-1），一般为长方形，深度也供放双层果，能有效避免果穗相互挤压。采收者在采收操作时，将移动吊带两端临时固定在塑料箱上，采果人通过吊带背着箱来采收（彩图12-1），采满一箱后，再将吊带移到下一箱，该方法有利于采果人单独操作。

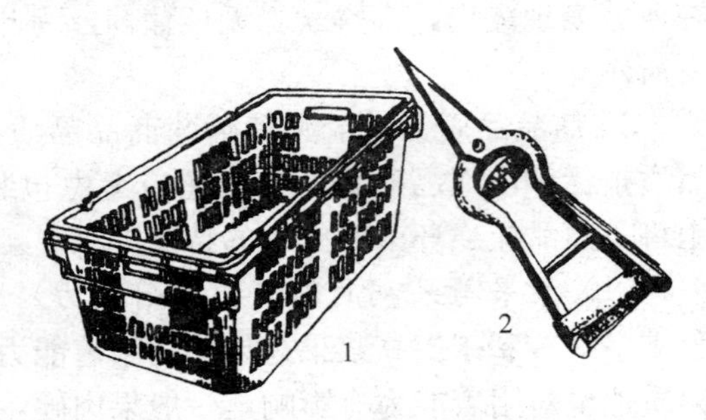

图12-1 采果剪与采果塑料箱
1. 采果塑料箱 2. 采果剪
（石雪晖，2002）

（3）平板车 将采收后的果实由设施内行间运出的基础工具，每次可运载葡萄50～100千克。一般设计成2～3层，除顶层外，其他各层是贮运平台，放置采收空箱及盛满果箱的位置，顶层首先充当操作平台，即临时放置没有盛满的果箱，或田间临时分级包装操作的平台等，待到下部各层放满后顶层也陆续发挥贮运平台的作用。

2. 采收方法 葡萄采收分机械采收与人工采收两种，我国设施栽培的鲜食葡萄只能采用传统的人工采收方法。具体做法为，采收者一手托葡萄，另一只手用剪刀将果穗从果枝上剪下，采下的果实可按两种路径装箱（图 12-2）。其中一种路径是直接田间分级包装，做法为一手提起葡萄，并不断使果穗转动，另一只手持剪刀将其中病、虫、青、小、残、畸形的果粒选出剪除，然后将葡萄分级包装（详见下文）。本路径为我国设施葡萄与露地葡萄的主要采收方法。

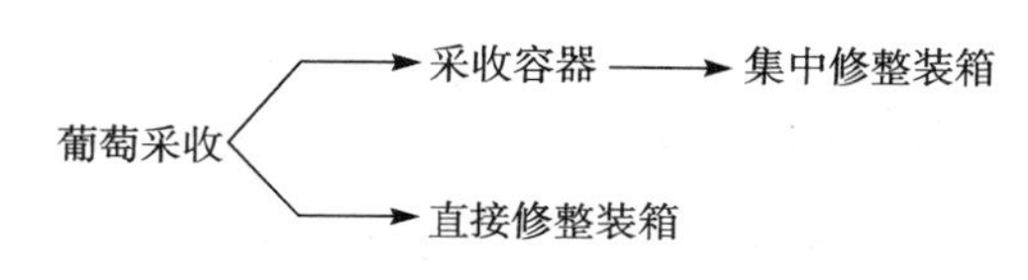

图 12-2 葡萄采收流程

另一种路径为采收后在选果车间集中分级包装（彩图 12-2）。做法为带袋采收，然后放入盛果箱或盛果篮内，再集中运回选果车间，然后在选果车间集中进行分级包装，具体做法同上，此方法被称为二次装箱，国外已经广泛普及，需要专业的机械设备，在我国该方法刚刚开始应用。

采收过程中还应避免伤及果穗其他部位，保证果粉不受损害；对剪下的病残果应集中收集，勿污染设施等环境。对于套袋栽培，采收前应先把果袋摘下，装箱，再分级包装。

3. 采收时的注意事项

（1）分期采收 在同一设施内，葡萄处于不同位置，成熟度有一定的差别；同株葡萄不同枝条上的果穗，成熟度也不一样，为了保证品质，分期采收是必要的。同时，果实实行分期采收有利于后续浆果成熟与树体恢复。

（2）时间选择　应选择晴朗的天气采收葡萄，降雨过后空气湿度大，应推迟采收计划。具体在一天中，选择上午露珠干了以后及午后3点之后，避开早晨结露期及炎热的中午，以防止果实潮湿及减少果实高温失水，否则浆果容易发霉腐烂，影响果实贮运及货架效果。

（3）采收技术　葡萄浆果整个采收工作要突出“快、准、轻、稳”4个字。“快”就是采收、装箱、运送等环节要迅速，尽量保持葡萄的新鲜度。“准”就是分级、下剪位置、剔除病虫果粒、称重等要准确无误。“轻”就是轻拿轻放，尽量不摩擦果粉、不碰伤果皮、不碰掉果粒，保持果穗完整无损。“稳”就是采收时果穗拿稳，装箱时果穗放稳，运输包装时果箱摞稳。

四、设施葡萄的分级

1. 分级的目的意义　在我国改革开放前的封闭年代，葡萄生产以自给自足为基础，葡萄浆果还仅是农产品，没有变成真正商品。如今国门大开，国外葡萄开始涌入国内，尤其是我国加入WTO之后，我们才认识到我们所生产的葡萄与“洋葡萄”的差距。认识到葡萄采收后需要分级等一系列的商品化处理过程，分级的目的是使葡萄商品化，通过分级便于包装、贮运，减少产后流通环节损耗，确保葡萄在产后链条增值增效，实现优质优价，提高市场竞争力，争创名牌产品。

产品通过分级而实现标准化是市场经济的必然趋势，产品没有标准就会无序竞争，造成市场混乱。消费者是市场的“上帝”，要想取信于民，公平对待顾客，产品必须有标准，才能抵制伪劣商品。

为提高葡萄等级，力求商品提高档次，分级前必须对果穗进行整修，达到穗形整齐美观的目的。整修是把果穗中的病、虫、青、小、残、畸形的果粒选出剪除，对超长、超宽和过分稀疏果穗进行适当分解修饰，美化穗形。整修果穗可与采收及分级包装中田间结合进行，也可在分级车间进行。

2. 分级标准　葡萄分级的主要项目有果穗形状、大小、整齐度；果粒大小，形状和色泽，有无机械伤、药害、病虫害、裂果；可溶性固形物和总酸含量等。中国农业科学院郑州果树研究所起草的鲜食葡萄行业标准（草稿）中，对各等级的果穗基本要求是：

果穗完整、洁净、无病虫害、无异味、充分发育、不发霉、不腐烂、不干燥。对果粒的基本要求是：果形正、充分发育、充分成熟，不落粒，果蒂部不皱皮。而当前国内果品批发市场的等级标准，大多分为3级：

一级品：果穗较大（400～600克或>600克），穗形完整无损。果粒呈现品种的典型性，果粒大小一致，疏密均匀，色泽纯正（黑色品种着色率在95%以上，红色品种着色率在75%以上），肉质较硬，口感甜酸适口，无酸涩，无异味。

二级品：果穗中大（300～500克），穗形不够标准，形状有差异，果梗不新鲜。果粒基本表现出品种的典型性，但有大小粒，色泽相对一级品相差10%左右，肉质稍软，含糖量低仅为1%～2%，无异味。

三级品：果穗大小不匀，穗形不完整，果梗干缩。果粒大小不匀，着色差，肉质软，含糖量较低，酸味重，口感差，风味淡。属于不合格果品，可降低价格出售。

葡萄的分级方法目前仍然以手工为主，在果形、新鲜度、果穗整齐度、色泽、品质、病虫害、机械伤、果皮光洁度、污染物百分比等方面已符合要求的基础上，再按果穗、果粒重量大小分级。

目前，在鲜食葡萄分级中，有国外标准、我国国家标准、地区及品种标准，也有企业标准等。

（1）国外葡萄分级标准　我们在研究与探讨我国葡萄分级标准的时候，不妨参鉴国外的一些先进经验，对我国葡萄分级标准的制定是个很好的启迪，对鲜食葡萄外销时执行起来也是重要的参考和借鉴。

日本葡萄分级比较严格，除不同品种按穗重分级外（表12-4），对果粒特大的鲜食品种如巨峰群葡萄品种，在使用1千克或2千克包装时，还根据粒重分成特大、大、中3个等级标准（表12-5）。

表12-4 日本葡萄穗重分级标准（克/穗）

（《果实日本》，1980年8期）

等级（代号）	玫瑰露群	巨峰群	康贝尔群	新玫瑰、蓓蕾-A群
特大（2L）	>150	>350	>350	400～500
大（L）	110～150	300～350	250～350	300～400
中（M）	75～110	200～300	<250	<300
小（S）	<75	<200		

注：1. 每盒包装4千克，但玫瑰露可以用2千克的包装；2. “群”表示类似的品种。

表12-5 巨峰群葡萄按粒重分级标准

（《果实日本》，1980年8期）

等级（代号）	果粒标准重（克）
特大（2L）	>12
大（L）	10～12
中（M）	8～10

（2）我国国家标准 强调鲜食葡萄首先是无公害绿色食品（详见《中华人民共和国行业标准NY 5086—2002无公害食品 鲜食葡萄》），其次外部形态必须符合一定的形状、大小、色泽等规格，第三内在品质各项指标必须达到优质果品的要求（表12-6）。根据我们多年调查研究积累的资料，初步提出如下内容的标准与同仁商榷，通过讨论试行逐步修改完善。

表 12-6 优质鲜食葡萄浆果品质指标分级表

项目	指标＼等级	1级	2级	3级
果穗外观	(1) 穗形（不分级）	圆锥形、长圆锥形、短圆锥形、散圆锥形、圆柱形、分枝形		
	(2) 穗重	500～800 克	350～500 克	200～350 克
	(3) 整齐度	果穗大小一致	果穗大小均匀	果穗大小均匀
	(4) 松散度	中度松散	松散或较紧密	稀疏或紧密
果粒外观	(5) 粒形（不分级）	椭圆形、长椭圆形、短椭圆形、卵圆形、长卵圆形、圆形、鸡心形		
	(6) 粒重 有核 无核	12～15 克 6～8 克	6.1～12 克 4.1～5.0 克	小于 6 克 小于 4 克
	(7) 整齐度	果粒大小一致	果粒大小均匀	果粒大小较均匀
	(8) 色泽	本品种典型色泽、艳丽、着色一致、着色率 95%以上	本品种正常色泽、较艳丽、着色一致、着色率 80%以上	色泽不美观、着色不均、着色率 50%以上
	(9) 果粉（有果粉品种）	果粉厚，保持完整	果粉较厚，保持 80%以上	果粉较厚，保持 50%以上

（续）

项目	指标 等级	1级	2级	3级
浆果内在品质	（10）肉质硬度	肉质硬脆	肉质较硬	肉质较软
	（11）含糖量（折光糖度）	18%以上	16.1%～18.0%	14%～16%
	（12）含酸量（滴定酸度）	0.5%以下	0.51%～0.7%	0.71%～0.8%
	（13）糖酸比	28以上	25.1～28	23～25
	（14）香气	具有浓郁芳香味	具有清香味	无香味或无异味
	（15）口感	甜酸、味鲜	甜、爽口	微酸甜、可口
浆果污染状况	（16）果面污染	洁净、无粉尘、无菌、无农药药斑	洁净、无粉尘、无菌、稍有铜斑	微有粉尘、无菌、稍有铜斑、
	（17）果肉污染	农化残留物含量符合国家绿色食品AA级或A级标准要求		

标准是人为制定的，很显然会受到自然环境、经济基础、人文历史等因素的影响，不同地区应有地方标准，全国应有国家标准。

（3）企业标准　企业或农户是葡萄生产的最基层单位，为了保护自身的利益，通过注册品牌、申请标识，提高知名度，促进产品销售，创造了良好的经济效益与社会效益，根本在于对其葡萄产品积极建立严格的分级制度，生产中按照此标准严格执行。如哈尔滨东金现代农业股份有限公司，对大棚红地球葡萄生产有严格的商品果等级划分标准（表12－7），生产经营按此标准执行，保证了产品质量，提升信誉，赢得了市场。

表12－7　红地球葡萄商品果等级标准

（2004—2005年哈尔滨东金现代农业股份有限公司）

项目＼等级	一	二	三
单穗重（克）	800～1 000	700～1 000	600～1 200
单穗颗粒数	60～80	80～100	90～120
单粒重 直径	12克以上 2.7厘米以上	11～12克 2.5厘米左右	9～11克以上 2.3厘米左右
耐拉力（克）	1 000克以上	800～900克	700～800克
硬度 （能否切片）	能切片	能切片	不能
固形物含量	16%以上	15%	14%
果实颜色	着色95%， 颜色鲜红～深红	着色90%， 颜色鲜红～深红	着色80%， 颜色深红～紫蓝
果实表面 光洁度	果实表面光洁，无污染，无病虫和机械伤	果实表面基本光洁污染量不超过5%非等级果	果实表面基本光洁污染量不超过10%非等级果
卫生标准	绿色AA级食品	绿色A级食品	无公害食品

五、设施葡萄包装

葡萄是浆果，含水量高，果肉稍软，果皮较薄，保护组织差，不耐挤压，不抗振动，易失水，易损伤，易污染。葡萄由农产品变成商品需要科学的包装。包装是商品生产的最后环节，通过包装增强商品外观，增加附加值，提高市场竞争力，合理的包装可以使葡萄仓储标准化，有利于机械化操作，减轻劳动强度，充分利用储运空间，利于贮藏运输和管理；减缓商品受摩擦、碰撞、振动和挤压等伤害；减缓水分蒸发，缓冲外界温度剧烈变化引起的产品损失；防止商品受到粉尘、微生物等污染，减少病虫害等蔓延，增进食品卫生安全。

1. 包装容器 应选用无毒、无异味、光滑、洁净、质轻、坚固、价廉、美观的材料制作葡萄鲜果包装容器，通常采用木条、人造板、竹编、苯板、硬塑、纸板等，应符合农业部《无公害食品 鲜食葡萄》（NY 5086—2002）的规定要求。要求包装容器在码垛贮藏和装卸运输过程中有足够的机械支撑强度；具有一定的防潮性，防止吸水变形，降低支撑强度；具有一定的通透性，利于葡萄呼吸放热和气体交换；在外包装上印制商标、品名、重量、等级、特定标志（无公害、绿色、有机食品）以及产地、公司名称和联系电话等。

从世界范围看，最早使用的是木板箱（彩图 12－3）、纸板箱（彩图 12－4），后来发展到泡沫苯板箱（彩图 12－5）、硬塑箱（彩图 12－6）、PVC 板箱等；智利等国现在大量使用的还是木板箱，美国 PVC 板箱（彩图 12－7）用的比例较大，我国目前葡萄包装使用较多的是木条箱、泡沫苯板箱、纸板箱和硬塑箱等（表 12－8）。

（1）*木板箱和硬塑箱* 成本低、透气好、耐压强，但缓冲性能差，运输中易产生机械伤，而且不美观，只适于低档次果的包装。

目前国内葡萄运输也有用木板箱包装的，木板厚度 2 厘米左右，为了透气木板间留出 1～2 厘米的空隙，上面开放，机械性能好，码垛可以增高，适合大量运输与贮藏，浆果适合单层摆放。智利及阿根廷等国的葡萄包装主要采用3～5层复合木板制成的包装箱，出口世界各地，效果也非常好。

表12-8　葡萄包装箱种类、性能和市场占有率

种　类	市场占有率（%）	性　　能	缺　　点	成本价（元）
木条箱	37	透气好、耐压强	缓冲性差，不美观	2.1
泡沫箱	32	保温性好，缓冲性好	预冷差，宜于运输	2.5～3.0
纸板箱	28	易折叠，重量轻，可印刷	耐压差，不耐潮湿	2.5～3.0
硬塑箱	3	透气好，耐压强	缓冲性差，不美观	2.1

注：修德仁，鲜食葡萄栽培与保鲜技术大全，2004。

（2）泡沫箱　保温性能好、缓冲性也好、洁净美观大方，目前普及较快；但葡萄在箱内预冷不彻底，贮藏中箱内易出现果温偏高现象，需将箱壁打孔加强通透性，所以不宜用于贮藏，而非常利于运输中保持低温和抵抗冲击力，为此，许多地区贮藏葡萄时还用木条箱和硬塑箱，运输与销售时再换成泡沫箱。

（3）纸板箱　最大的优点是易折叠，占地小、便于运输和回收，还可以印刷商标等标志，具有一定的透气性和缓冲性，有抵御外来冲击，保护葡萄的作用。缺点是贮运过程中注意灰尘、潮湿等污染及侵蚀，码垛不能过高。

（4）PVC板箱　成本低、透气好、耐压强，缓冲性能好，运输中不易产生机械伤，美观漂亮，预冷彻底，贮藏中箱内不易出现果温偏高现象，适于高档次果的包装，目前美国出口葡萄主要采用该包装。

（5）小包装　高档次的商品葡萄应该开展一穗一袋的单穗包装方法，即小包装，为了提高运输及贮藏效率，再将几个小包装放到一个包装箱内，如一个包装箱内放2、4、6、8个不等的小包装。在小包装上印制商标、品名、产地和公司名称等。尤其将小包装的葡萄放于冷气货柜内出售，能提高果品的质量档次，并大大延长货架寿命。小包装材料可选择透明、带孔的薄膜塑料袋，或塑料托盘和纸托盘上盛装葡萄穗后再覆透明膜，也有直接用小的塑料盒做成小包装商品出售。

常见的几个小包装规格与使用特点如下：

①薄膜塑料袋（彩图12-8）。国际通用的有两种，一种双面都是塑料，另一种一面是塑料另一面是纸；形状为梯形，规格为：上底12厘米，下底27厘米，高30厘米，无论哪一种袋，为了提高透气性，在其中一侧下半部均匀的分布圆孔或长条开口。在葡萄装进袋后，上端封闭，果穗被固定在袋内，不会脱粒，也能延缓果梗失水，达到延长货架寿命、增加美观度的目的。目前国内外这种小包装应用比较普遍。

②托盘。塑料、泡沫或纸质材料。规格为：长20厘米，宽12厘米，高2厘米，盘下有通气孔。包装时，将葡萄放到盘上后，再覆一层保鲜膜。

③小塑料盒。规格为：长12厘米，宽6厘米，高9厘米，盒上或盒下有小孔。

2. 包装方法　葡萄是浆果，采收后应立即装箱，避免风吹日晒，否则易失水、易损伤、易污染。由于葡萄皮薄，肉软，不抗压、不抗震，对机械伤敏感，最好从田间采收到贮运销售过程中只经历一次装箱包装，切忌多次翻倒、多次装箱、多次包装，否则每一次翻倒都会引起严重的碰、拉、压等机械损伤，造成病菌侵入而霉烂。所以我们现阶段应提倡在葡萄架下装箱。但是，也不排除集中采收后进入车间选果包装的方法。

（1）*田间装箱方法*　首先在树上进行选果，将有病虫害的果粒、青粒、特小粒、残破粒、畸形果粒从果穗中选出剪除，并剪去有碍于穗形美观的歧肩果和秃尖果，然后按分级标准进行分级采收，把同一个级别果穗的果篮送到该级别的平板车上进行装箱。箱内应衬有保鲜袋。葡萄单层摆放的箱，装箱时将穗轴朝上，葡萄果穗从箱的一侧开始向另一侧按顺序穗穗靠紧轻轻摆放，果穗间用软纸隔开（彩图12-9），不留空隙，按100%装箱量的要求（如5千克/箱）装满，并敞开保鲜膜袋口，送到冷库预冷。

（2）*车间装箱方法*　由田间采收预装箱的葡萄，送到选果包装车间，由工人目测检查，将果穗中病、虫、青、小、残、畸形果粒剪除，再按分级标准将一、二、三级果穗分别装箱。葡萄单层装箱方法同前。葡萄双层装箱时，果穗应平放箱内，先摆放底层，每穗按穗形大小头颠倒放置，挨紧不留空隙；然后摆放上层，要挑选合适穗形填补空间，摆满为止，不能高出箱沿，当箱盖盖严时葡萄果穗松紧适中，箱盖保持平齐而不凸凹谓之适宜。装满葡萄，敞开袋口，送冷库预冷。

3. 常见葡萄包装规格　我国设施葡萄包装目前尚处初级阶段，大多数的包装较粗陋，只有少数包装逐步趋向精美，但包装材料、装潢设计、标识印制、容量规格等仍有较大差异。目前我国市场上葡萄包装箱规格不一（表12-9），企业和个人在包装箱制作上没有统一的标准，应尽快实现葡萄包装标准化。

表12-9　我国常见葡萄包装种类与规格

种　类	规格（长×宽×高）（厘米）	净果重（千克）	备　注
瓦楞纸箱	32×20×12	4	哈尔滨东金集团
瓦楞纸箱	30×30×10	2	辽宁文选有机葡萄
瓦楞纸箱	30×16×14	2	河北涿鹿
塑料箱	36×26×15	5	市　场
泡沫箱	40×27×16	8	市　场
木条箱	36×25×14	5	市　场
木条箱	43×35×11	10	市　场

鲜食葡萄包装标准化必须具备如下条件：①葡萄生产质量必须达到浆果外观质量标准。②包装箱（盒）容量要标准化定量和果穗与其相适应的标准化规格。③包装上要有商标、品牌、数量

（千克数、果穗数）、等级、产地等相关印刷标识。

日本巨峰葡萄包装标准如下：手提式纸箱，长 23.0 厘米（内径 22.6 厘米）、宽 17.0 厘米（内径 16.8 厘米）、高 20.9 厘米（内径 19.0 厘米），净果重 2 千克。长方形高级纸箱：长 21.4 厘米（内径 19.4 厘米）、宽 15.3 厘米（内径 14.2 厘米）、高 8.5 厘米（内径 8.3 厘米），净果重 1 千克。

第十三章 设施葡萄灾害预防

发展设施葡萄，可抵御降雨、冰雹及除草剂2，4-滴丁酯等自然及人为灾害的威胁，但有些灾害只有通过提前预防，才能避免或减轻其对设施及树体所造成的经济损失。

一、冻害

葡萄设施栽培，通过塑料覆盖保温可以抵御部分冻害的发生，但不能避免极端气候的冻害威胁。

进入休眠期的葡萄枝蔓、芽眼比根系抗寒，休眠期冻害主要指根系冻害。

葡萄根系没有休眠，只要温度、水分、空气和养分合适，它可以不停地生长。但是，葡萄根系抗寒能力很差。在栽培品种和砧木品种中，美洲种比欧美杂交种抗寒，欧美杂交种比欧洲种抗寒性强。欧亚种在－5℃时就发生冻害；美洲种能抗－7℃低温；欧美杂交种一般居其中间，能抗－7～－5℃低温；山葡萄能抗－15℃低温。所以，我国北方地区葡萄冬季需要下架埋土防寒，主要是为了保护根系不受低温冻害和保护枝芽不风干“抽条”。

根系冻害的发生，除与当地的低温和积雪覆盖程度密切相关外，还与品种、栽培方式、管理特点等相关，如多施有机肥，加强枝蔓和叶片管理，重视病虫害防治，合理控制产量，增强树势等都有利于树体的营养积累，提高树体抗寒能力，减少冻害发生。栽培方式上，采用抗寒性砧木嫁接栽培，比采用自根苗栽培抗冻害。

目前，我国经过多年栽培实践已经筛选出一系列抗寒砧木，如贝达、山河 2 号、河岸 2 号等可在严寒地区应用，而 5BB、SO4 等也具有一定的抗寒性，可在较寒冷地区推广，葡萄根系冻害问题正在通过采用抗寒砧木嫁接解决。

1. 根系冻害及其预防

(1) *葡萄根系冻害表现* 根系冻害的发生也是由浅入深的过程，灌溉条件好的葡萄园根系集中分布在 20～60 厘米范围内，冻害的发生首先表现在浅层根系，随着温度的降低冻害向深层次发展。冻害发生后根系首先表现变褐，然后木质部与韧皮部分离，有异味产生。根据冻害的程度，可以整株根系受冻，也可以局部受冻，有时甚至一条根系的局部发生冻害，局部冻害或轻微冻害可以恢复，严重的冻害不可恢复。

根系冻害表现在地面植株上，因冻害发生的严重程度也有很大差别。轻微冻害表现树势衰弱，坐果差，退条（枝蔓前部不萌芽或萌芽后干枯），产量降低；严重冻害发生后，一般树体生命活性无法恢复，只有进行重新栽植。

(2) *葡萄根系冻害预防* 针对冬季寒冷的程度，可以直接选用不同抗寒能力的砧木嫁接栽培预防冻害的发生，或再埋土防寒保护葡萄根系免受冻害。

①实行抗寒砧木嫁接栽培。葡萄根系冻害频发区，应根据当地低温程度，采用抗寒砧木（贝达、山河系列、河岸系列、5BB、SO4 等）嫁接苗定植建园，这是北方普遍应用预防根系冻害的方法。

②采用合理的越冬防寒管理措施。如传统的埋土防寒方法还要在相应地区的设施类型继续采用，如北方大棚葡萄还需要埋土防寒越冬，而日光温室葡萄可通过覆盖草帘等保温材料越冬。

2. 霜冻与预防 霜冻是指葡萄在生长季节急剧降温，水汽凝结成霜而使葡萄器官受冻伤或死亡的现象。在晚秋葡萄结束生长以前发生的为早霜冻害，在早春葡萄萌芽前后发生的为晚霜冻害。

霜期来临的早晚与地区有密切的关系，同一个地区霜期来临时间基本稳定，个别年份略有差异，但一般上下幅度在半个月之内，霜害发生时间的确定，为预防霜害提供警示作用。设施葡萄人为地提早（促成栽培）或延迟（延迟栽培或延迟采收）了葡萄的生长发育期，管理不当霜冻更易发生。

（1）葡萄早霜冻害与预防　秋季，设施内尚未木质化的新梢叶片和浆果温度达到－5～－3℃时受早霜冻害而脱落，成熟好的浆果比叶片和枝蔓耐低温。当叶片受到霜冻后呈水烫状，逐渐萎蔫、干枯，伴随微风的吹拂，叶柄日益脱落，结束当年生长，逐步进入冬季休眠。枝蔓发生冻害，尤其是处于幼苗和幼树阶段，首先表皮变色，韧皮部失去鲜绿的色彩，变褐，次年不能萌芽（彩图 13－1），或萌芽过后一段时间便萎蔫。果实遭受早霜冻害后轻者果肉变软尚可食用；重者果皮、果肉变色，结构、化学成分发生变化，风味变劣，失去食用价值。

早霜冻害大多发生在生长期较短的北方地区设施内（包括东北、西北、内蒙古的北部），而且一般发生在葡萄枝芽尚未完全木质化和晚熟葡萄果实还没有完全成熟期，或葡萄浆果处于延迟栽培及延迟采收阶段，而且往往这一阶段时间可持续 3～4 个月。南方地区避雨栽培的葡萄，如果实行冬果生产，部分地区也可能受到早霜冻害。

预防早霜冻害的方法有：

①地点、设施及品种选择。首先要选择在设施内无霜期大于 120 天的地域栽培葡萄，才能满足葡萄生长发育的基本需求；其次，应充分考虑被选择品种的生育期和果实发育期长短，要求在正常年份设施内早霜来临之前至少 15 天果实成熟上市，使树体具有 15 天以上的恢复时间，对于树体越冬与次年优质稳产有益。因此应选择生长期较短、浆果成熟早、枝条容易成熟的葡萄品种。如在黑龙江大庆市大同区，大棚内无霜期无法充分满足红地

球的生育期需求，表现连续丰产性较差，而无核白鸡心生育期较短，表现连续丰产性很强，说明无核白鸡心的生育期适合当地大棚条件。

②预防保护。注意收听当地的天气预报，一旦预报温度降到3℃，说明将有早霜天气，应立即封闭设施、增加覆盖物等御霜；在对设施进行严格保温管护的同时，设施内应准备增温设施或设备，遇到连续阴天或雪天，导致光照不足时，设施内温度在增加覆盖物还继续降低，应随时启用增温设施或设备，确保设施内温度不低于3℃。在沈阳地区，葡萄延后栽培有利用液化气罐和热风炉作为人工增温设备的，需要补充热量时，每间隔10米左右放置一个，随时点燃，然后根据温度变化情况决定燃烧时间长短，当然只是在极端环境使用。

③加强树体管理。少施氮肥，多施磷、钾、钙等肥料；控制结果量，减少枝叶密度，强化通风透光，防止葡萄枝蔓徒长，促进枝条木质化。

对于当年栽植的幼树，应加强前期管理促进其前期生长，加速新梢木质化，同时应避免早霜冻害的发生，尤其是有些新梢不易成熟的葡萄品种，如玫瑰香、京玉、红地球、香悦等，幼树除加强管理外，应通过霜前封闭设施，或枝蔓覆盖等措施防止早霜冻害，这方面在生育期短的地区或保温效果较差的设施类型更具有实际意义；对于结果树，应通过管理增加浆果糖度，促进着色，提早成熟与采收。

（2）葡萄晚霜冻害与预防　设施葡萄（日光温室及大棚）为了促早栽培，往往升温提早，早春气候异常年份，设施葡萄保温不当易出现晚霜冻害。

葡萄进入伤流期后，即意味着休眠期结束，抗寒力迅速降低，当设施内气温下降至－4～－3℃时，树体会遭到晚霜冻害，由于树体没有萌芽与展叶，易被忽视管理，而这阶段发生的霜害往往是极其严重的，有时甚至毁园。

葡萄萌芽后，当环境气温下降至0℃时新芽即有冻害发生，嫩梢和叶片在-1℃开始受冻（彩图13-2），0℃时花序有冻害，开花期1℃时雌蕊受冻不能坐果，-2℃时幼果受冻脱落，所以萌芽后的新芽、嫩梢、叶片、花序等发生冻害，轻者减产，重者绝收，给生产带来巨大损失。但可以利用夏芽或冬芽副梢结二次果，部分弥补晚霜冻害造成的损失。

为了预防晚霜冻害，生产管理中应注意：

①科学选择设施升温时间。日光温室连续揭草帘等保温覆盖物、大棚上塑料膜、设施通风口每天开闭管理等作业开始，表明设施开始升温。为了预防晚霜，在非促成栽培情况下，可适当晚升温，在冬季葡萄下架埋土防寒的设施葡萄园，可适当延期撤除防寒土，达到延缓葡萄解除休眠，躲避晚霜冻害的目的。

②加强设施管理。葡萄促成栽培时，应充分利用光照，注意加温与保温结合，实现双管齐下，保持温室内相对稳定的温度，防止设施内“倒春寒”出现。天气预报报出超低温气象时，必须立即采取多层覆盖、生火、通电等进行人工加温防冻。

二、雪灾

目前我国设施葡萄发展区域广泛，南起江、浙，北到东北及西北的广大地区，都存在雪灾危害，因此，对雪灾从成因到预防必须有全面认识，把雪灾损失降到最小。

1. 雪灾危害　严寒天气如遇降雪，积雪与设施表面没有充分结合而尚有离层时，在风及重力的作用下大部分雪会被吹走或滑落，在一定程度上能减轻或缓解危害；如果赶上不是特别寒冷的天气下雪，伴随降雪又部分融化或干脆前期降雨而后降雪，大雪与设施表面或表面覆盖物充分结合，而不能脱落，大量积累往往会造成严重危害。在2008年春季，沈阳于洪某农业专业合作社24栋日光温室曾经遭受严重雪灾，当时由于管理者存在侥幸心理，没有预计到雪灾的严重性，在降雪过程中没有随时除雪，当发现积雪开始压塌设施时，才开始匆忙组织人力除雪，但因大雪阻碍交通，增援人员无法赶到，眼睁睁地看着21栋日光温室相继倒塌，设施直接损失200余万元，作物间接损失50余万元，值得借鉴。

（1）对葡萄设施的危害

①大雪最严重的可直接全部或部分损毁设施建筑结构，使设施坍塌，使葡萄受到冻害或机械伤害等。

②大雪能部分压损玻璃、阳光板、棚膜塑料等保温材料，需要及时更换或修补。

③降雪使保温被及草帘等保温设施浸水，影响保温效果与常规管理操作。

（2）对设施内葡萄的影响　设施保温层积雪，除对设施结构、保温材料构成影响外，还直接影响光照，影响设施内葡萄的正常生长发育；还间接降温，导致霜冻等次生灾害发生。

（3）对道路交通及供电系统的影响　雪灾影响道路畅通，对葡萄生产与销售构成影响。发生雪灾后应及时清除道路积雪，保证道路畅通。电线附着冰雪可导致断路，也可导致短路；用电设施上附着冰雪融化后也可导致短路、火灾及电器损坏，为生产带来巨大损失，应注意供电系统雪灾，避免间接灾害。

2. 雪灾预防

（1）设施的科学设计

①连栋大棚设施。在雪灾频发区，对连栋设施，由于面积大，除考虑结构强度、夏季排雨水等设计外，还必须考虑冬季机械设备自然除雪的实用性或人工除雪方法的可行性，并且要做到及时而有效。

②日光温室设施。日光温室是北方高寒地区重要的葡萄生产设施，是在冬季发挥其生产功能的设施类型，而北方冬季也是降雪频繁的地区，雪对其危害也是巨大的。

为了预防日光温室雪灾，从日光温室建筑结构方面看，墙体及后坡厚度建筑除考虑保温外，墙体还应注重强度，后坡注重角度，大角度不易积雪；骨架及棚架设计强度应适合当地积雪及保温覆盖物重力的要求，弧度除考虑重力、采光等要求外，也应考虑到积雪的重力与自然滑落能力。

③单体大棚。单体大棚在我国设施葡萄生产中发挥着促成、避雨及延后等生产功能，也存在着发生雪灾危害的风险，设施选材及设计应加以考虑。从选材抗雪灾方面看，钢架结构优于菱镁土（苦土）或玻璃纤维结构骨架，而竹木结构大棚抗雪灾能力最差；从结构设计与抗雪灾能力看，随着跨度加大，抗雪灾能力减弱，随着高度增加抗雪灾能力加强。

④避雨棚。葡萄避雨棚是近年来我国南方推广的新设施类型，其中有钢架结构类型、竹木结构简易类型等。虽然南方降雪少，但有时先雨后雪，形成冻雨，使雪水附着在塑料膜上，不易被风吹落，也在不同程度上构成危害，也应引起重视。从避雨棚建造方面分析，钢架结构类型抗雪灾能力优于竹木结构简易类型；竹木结构简易避雨棚类型应加密拱片密度，加大拱片弧度来抵御雪灾危害。

（2）*及时清除积雪减少危害* 从降雪到形成雪灾需要一个过程，而且危害是从局部到整体，从小到大，应充分利用这段时间，尽早发现提早防治，是科学有效的。例如日光温室，如果大雪发生时外界气温相对较高（往往在0℃左右），在这温度情况下为了防止设施表面大量积雪，可卷起保温草帘或保温被等覆盖材料，让雪直接降落到塑料棚膜上，使雪自然滑落，但这段时间不能过长，应密切关注日光温室内温度变化，严防葡萄冻害发生；如果大雪发生时外界气温非常低，只能继续保温覆盖，慢慢清除覆盖物上的积雪，为了防止积雪压毁设施，应组织人力、物力伴随降雪随时进行除雪，降低雪灾危害。

（3）*科学预报及时预警* 雪灾易发生季节，应关注天气预报，随时预知降雪的来临。严防死守，确保葡萄设施处于正常生产的工作状态，在人力、物力等方面提前做好迎战雪灾的准备。

三、水灾

葡萄设施发挥最大的功效在于避雨，减轻了各种病害的发生，确保了葡萄安全生产，但雨水过大，形成地表径流或积水，也会对设施及葡萄的生长发育产生严重的影响。

1. 水灾危害表现 水灾首先表现在对设施的损毁，其次是对葡萄树体的影响。

设施结构设计不坚固，往往经不起水灾的考验。2010 年 7 月 20 日，沈阳地区普降 50 年一遇的暴雨，个别地区降雨量达到 350 毫米，导致许多土堆墙体的日光温室坍塌，经济损失惨重；同时由于土堆墙体日光温室建设中就地取土，设施内地面一般低于外界地面，不易排水，树体涝害严重，为此已经引起科技工作者对设施结构设计的重视。

葡萄植株在水中浸泡数天，由于厌氧呼吸导致根系死亡、叶片枯黄脱落及整株死亡。

葡萄植株经过短时间的涝灾后，局部叶片发生病害，黄化脱落，基部叶片首先呈现症状，且症状严重，新梢虽危害较轻，但影响树体生长势，也影响次年树体发育与结果；浆果受灾当年表现重者减产，轻者发生裂果，果实品质降低，增加了栽培管理的难度。

2. 预防措施

（1）*科学选址完善设计* 首先应选择高燥地域建设施葡萄园。设计中，葡萄园必须具备排水网络，特别平坦的区域设施内应高于外界，并安装强制排水设备，确保及时排水。降雨量大的地区应提倡高畦台上栽培，人为创造高燥栽培环境。

（2）*完善葡萄设施* 首先应提高设施设计强度，抵御水灾威胁。其次对于一般排水良好的设施葡萄园，伴随降雨，雨水能直接排出园外，避免了对葡萄树体的危害，但排水较差的葡萄园，设施四周排水沟应铺设塑料等防水防渗透材料，避免或减少雨水长时间通过土壤渗入设施避免雨水从设施四周通过土壤向内部浸入，导致病害及生理裂果的发生。

（3）采用嫁接苗木　葡萄嫁接栽培表现出综合优势，在抗水灾方面也得到进一步证实，生产中应选择嫁接苗木，提高树体抗涝能力。调查发现，以贝达、SO4 等砧木的嫁接植株比自根植株耐涝。

四、高温

1. 高温危害的发生原因和症状　高温对葡萄的伤害，在我国各地设施葡萄产区均有发生，主要表现为树体伤害及果实伤害（果实伤害往往被称作日烧或日灼，统称生理病害）；其发生原因是由于气温高，或空气湿度大等，导致蒸腾作用减弱，致使树体难以调节自身温度，造成枝干的皮层或果实的表面因局部温度过高而灼伤，严重者可引起局部组织死亡。

葡萄枝条上发生高温危害首先在早春萌芽前后，为了尽早解除休眠，提高萌芽整齐度，往往人为创造高温、高湿的环境，有时容易对温度忽视管理，而这阶段发生的高温危害，轻者局部枝芽枯死，重者树体整株死亡；其次在生长期高温对新梢的危害严重的可使枝梢折断，受害新梢上部下垂并枯萎；叶片受到高温危害局部或整个叶片变褐干枯死亡（彩图 13－3）；浆果发生日烧表现变白症、凹陷症、褐变与皱缩等（彩图 13－4）。

高温危害发生时间一般在炎热的中午及午后。在设施内有区域性，往往连片或呈带状发生，具体位置上部重、下部轻。

目前，设施葡萄生产中，树体高温伤害及果实日烧（日灼）虽均有发生，但果实日烧（日灼）易引起重视。

2. 果实日烧（日灼）**发生与预防**

（1）品种特点　从果粒大小来看，大粒品种发生早而重，小粒品种发生晚且轻；从果皮厚度来看，厚皮品种发病轻，薄皮品种发病重。在品种选择上应考虑品种特点与栽培管理水平。

（2）发育时期　葡萄日灼病的发生与浆果发育时期密切相关，果实膨大期发生重，而着色期发病轻。可见预防日灼病的发生，前期管理是关键。

（3）光照与果穗位置特点　光照与葡萄日灼病的发生非常密切，光照越强发生越严重；从果穗着生位置来看，见光部位重，而非见光部位轻。因此，生产中的架式设计、树形选择及叶幕管理等应保证浆果膨大期避免强光照。

（4）土壤管理特点　土壤管理状况与日灼病的发生有密切的关系，一般来讲，地面无植被的管理方式比有植被的管理方式日灼病发生重，地表干旱的比湿润的发生重。

（5）空气湿度　空气湿度大的季节葡萄日灼病发生频繁，干旱季节相对较少发生；高湿环境使浆果表面蒸腾减弱，表皮热量不能及时散发，导致日灼病的发生。因此，生产中夏季管理应及时通风，降低空气湿度，在避免病害发生的同时，也减轻日灼病的危害。

（6）果穗套袋　总的来说，套袋可减轻浆果日烧现象的发生。但果穗套袋后，往往使环境变得更加复杂，应引起重视。一方面，果穗套袋后，光照减弱，果面温度升高能够受到一定的限制，对预防日烧（日灼）是有利的；而另一方面，果穗套袋后空气相对静止，热量散失缓慢，也往往可导致日烧（日灼）的发生，因此应全面分析对待。

套袋时间与套袋方法对葡萄日烧（日灼）的发生也有影响，早晨与傍晚套袋发病轻，套袋时注意果袋充分撑开，扩大有效空间，避免果穗紧贴果袋也可降低日烧（日灼）的发生。

五、风灾

风是由大自然内气流流动而形成的，合适的风能促进设施葡萄空气流通，促进树体发育与开花结果。但台风、雷雨大风（飓风）和龙卷风等很容易对葡萄设施及树体形成影响，且往往风、雨（雪）、冰雹等混合一起发生，危害更大，应引起足够重视。

1. 对葡萄基础设施的影响 严重风灾可导致设施葡萄的基础设施如框架等扭曲和结构坍塌；同时也可导致棚膜等保温材料不同程度的损毁或移位，而基础设施部分损害往往是很难修复的，一旦灾害发生损失巨大。

2. 对葡萄树体生长发育的影响 葡萄设施对风害有一定的抵御能力，一旦设施损毁，将对葡萄构成如下影响：

（1）机械性损害 大风可吹落葡萄枝梢，损毁叶片，吹落果袋，磨伤果皮；导致落枝、落叶及病害大发生，影响树势，同时也影响当年产量及次年产量，降低果实品质等。

若栽培管理粗放，枝蔓绑扎不牢，在风的作用下，枝条、叶片及果实相互反复摩擦，危害表现更加严重。

（2）影响授粉、受精 葡萄开花除需要合适的温度条件外，还需要一定的湿度环境。大风往往降低了空气湿度，降低葡萄授粉、受精的几率，影响坐果或导致大小粒现象发生，葡萄产量及外观品质受到影响，经济效益显著降低。

（3）生理危害 大风可加速水分蒸腾，导致叶片气孔关闭，光合强度降低，代谢机能紊乱等。大风往往在高温季节发生，增加了设施葡萄放风等管理的难度，可能引起高温及干旱等次生灾害的同时发生。

3. 防风措施

（1）选择合适地点发展设施葡萄 建园前应参阅当地历史气象资料，禁止6级以上飓风频发地区发展设施葡萄。

（2）营建防风林 设计中，应考虑在葡萄设施园区四周营建防风林，以降低风速，减少风灾所造成的损失。防风林树种以乡土树种为宜。

（3）发展抗风害的设施类型 葡萄设施指标参数如跨度、长度、高度和肩高等都与抵御风害能力相关，而且与受害程度呈正相关；从结构特点上看，钢筋结构优于土木结构。根据上述特点，应根据当地风害发生特点与经济实力合理选择与设计葡萄设施。

（4）设施的合理维护　生产季节定期对设施结构、保温覆盖物、棚膜压膜线等随时保养与维护，出现问题及时解决，杜绝隐患。

六、除草剂 2，4-滴丁酯危害

为了提高工作效率，在农作物生产管理中，除草剂得到了广泛的使用，但近年来发现除草剂 2，4-滴丁酯对葡萄危害异常严重，首先表现在葡萄新梢卷皱，叶片畸形（彩图 13-5），严重落花落果或单性结实，大小粒严重等；其次树体严重衰弱，连续遭到 2，4-滴丁酯污染，树体将死亡。

我国东北，作为玉米主产区，玉米田除草剂中含有 2，4-滴丁酯，对小规模的葡萄产区形成致命伤害，导致相应地区葡萄不得不由露地转入设施，依靠设施来抵御外来气体的污染。

1. 危害特点

（1）敏感性　2，4-滴丁酯属激素类除草剂，微量即对葡萄发挥伤害作用，葡萄对其异常敏感。

（2）持续性　2，4-滴丁酯喷洒到土壤后，一部分当时可直接漂移到设施内危害葡萄，其余部分会伴着土壤水分随时蒸发到空气中污染设施葡萄，直到彻底挥发结束为止，可见 2，4-滴丁酯污染危害的时间有持续性。

（3）范围广　据观察 2，4-滴丁酯的顺风向污染危害范围可达 10 千米，说明危害范围广大。

2. 预防方法

（1）地域与设施类型选择　尽量不要在除草剂 2，4-滴丁酯使用地区发展设施葡萄，如果坚持发展应选择封闭设施如大棚及日光温室，做到能隔离 2，4-滴丁酯污染。

（2）设施管理　2，4-滴丁酯污染发生期间，尤其附近有污染源，白天应关闭上风口，下风口视设施内温度变化调整开闭，由于白天设施内温度高，随时有大量潮湿气体从排风口溢出，外界气体很难进入，葡萄不易受到污染；但夜晚伴随温度下降，外部气体可适时而入，因此该阶段夜晚应关闭排风口，确保葡萄不受污染。

（3）树体管理　一旦发生除草剂药害，应在受污染4小时之内喷布清水清洗除草剂，14小时之内喷布5 000倍液“碧护”生物助长剂、芸薹素内酯或云大120进行解毒，有一定疗效。同时加强葡萄园田间土肥管理，追施氮、磷、钾肥，最好追施生物有机复合肥（如杨康肥），灌一次透水，增强树势。

七、火灾

目前，我国葡萄设施栽培最基本的保温（兼防雨、保湿）材料系塑料制品，具有易燃性，其他材料如保温苯板、保温被、草帘等也具有可燃性，说明设施葡萄生产中时刻存在火灾隐患，必须树立火灾预防理念，否则将损失惨重。2009年2月，辽宁绥中某村民经营的7栋日光温室开展葡萄育苗，由于工人修理卷帘机电焊操作不当，引燃日光温室覆盖草帘，在大风的作用下，7栋日光温室片刻之间成为火海，损失严重，向我们敲响了警钟。

为了预防火灾：①设施间距规划设计应设置隔离带。②设施周围严禁堆积柴草等易燃物。③设施生活区应严格安全用火用电，严防违规操作。④设施内及生活区用电设备及电路要及时检修。⑤发生小的火灾应及时扑灭，杜绝火源漫延。

火灾的发生无任何规律可言，只有提高警惕做到“日日防火，夜夜防盗”，常抓不懈，从思想上提高认识加以预防。

八、冰雹

葡萄设施能部分抵御冰雹等危害，一般情况下，冰雹不会对设施内葡萄造成危害，而仅对设施塑料膜薄膜造成不同程度的危害。有时大的冰雹会对设施塑料膜薄膜造成严重机械损伤，为害程度首先取决于雹块大小、强度、下降速度及风速等，其次取决于塑料膜薄膜的厚度、质地及老化程度等。

1. 冰雹发生特点

（1）*发生区域特点* 有些地区如山谷、河床等冰雹频繁发生，这样的地域称冰雹易发区或易发带，栽植设施葡萄，应注意冰雹等预防。大部分地区冰雹发生很少，而一旦发生，损失严重。以沈阳地区为例，当地平均每10年有2～3次较重的冰雹发生，有时甚至同一个葡萄园一年内竟有2次严重的冰雹光顾。

（2）*发生时间特点* 冰雹是雨季大气强对流作用的结果，夏季任何时候都可发生。因此葡萄生长季节日日都要预防，应做到"警钟长鸣，常抓不懈"。冰雹的出现，有范围小、时间短、区域性强等特点，一般难以做出准确的预报。目前主要依靠气象雷达跟踪，做出短时预报。民间也有很多对冰雹发生发展规律的总结，从而积累了不少预报冰雹的好经验。

（3）*冰雹对葡萄的危害特点* 冰雹对葡萄的影响，轻者减产，带来不同程度的经济损失，重者绝收，同时也严重影响当年及下一年的树体发育，导致病虫害大发生等。葡萄的新梢、叶片、花序、果实、枝干等都是冰雹袭击的对象。

对此自然现象，人们也试图通过气象预报等进行预防，但在葡萄设施通风口增设防雹网的措施最为有效。目前，欧洲许多发达国家已经在露地葡萄园增设防雹网，取得了成功的经验，值得我们学习借鉴；我国河北怀来等地，防雹网已在当地露地葡萄栽培中得到广泛的应用；南方诸多地区发展设施葡萄也开始应用防雹网。

2. 预防方法 观察发现，厚度0.08～0.12毫米的塑料薄膜对冰雹有很强的抵御作用；从材质上看，弹性好的薄膜抗冰雹能力强；新薄膜比老化的薄膜抗击冰雹。

在冰雹频发的地区，将防雹网与防鸟网结合设置于葡萄设施放风口及四周（彩图 13-6），是一个事半功倍的好措施。

防雹网主要有铅丝网与尼龙网两种，规格及投资情况如表 13-1。铅丝网开始投入的成本高，但以后每年折旧低，而尼龙网开始投资略小，但折旧费高。目前我国部分产区常用的防雹网还以尼龙网为主，部分参数值得应用借鉴。

表 13-1　各种规格防雹网投资概算表

（吕湛，1999）

种类	孔径（厘米）	成本（元）		铅丝号	使用时间（年）	折合每年投资（元）
		元/米^2	元/亩			
铅丝网	1	3	2 000	22 号	8	250.00
	1.5	2.3	1 533.34	21 号	10	153.33
	2	1.68	1 120	21 号	10	112.00
	2.5	1.5	1 000	21 号	10	100.00
尼龙网	2.38	2.38	1 586.67		5	317.33

九、鸟害

随着全民环境保护意识的增强，打鸟、捕鸟行为受到限制，常见鸟的种类、数量有了明显增加。伴随设施葡萄园的建立，形成独特的生态环境后，对鸟类有诱引作用，鸟类开始在果园里及周边繁衍生息。实际上，大部分鸟类有其固定的活动范围与食物链，一般以昆虫为食，能够有效降低昆虫基数，起到帮助人类进行生物防治的目的。但近几年来我们发现，许多杂食性鸟类不仅以昆虫为食，在葡萄着色前后也开始啄食葡萄浆果（彩图 13-7），伴随葡萄成熟，危害愈加严重，应引起重视。

1. 为害的鸟类　主要有喜鹊、乌鸦、麻雀和白头翁等。根据各地气候特点，一个地区常年栖息的鸟类大不相同，为害葡萄浆果的鸟类也有差异。如沈阳地区啄食葡萄的鸟类主要是喜鹊和麻雀等，而资料显示在上海郊区却主要是白头翁为害葡萄。

2. 为害特点

(1) 栽培方式与鸟害的关系　面积小的孤零零的葡萄园为害重，大面积集中连片的葡萄园为害轻。设施栽培比露地栽培轻，但由于葡萄成熟早，浆果受到为害的时间也早，由于此时昆虫等食物相对少，对葡萄为害也相对集中。

采用篱架栽培的葡萄鸟害发生明显重于棚架，而在棚架上，外露的果穗受害程度又较不外露果穗重。套袋栽培葡萄园的鸟害程度明显减轻，减轻程度与果袋质量有直接关系，因此应注意选用质量好的果袋。

(2) 时间与鸟害发生的关系　一年中，鸟类在葡萄园中为害最多的季节是果实上色到成熟期。一天中，大部分鸟类黎明后和傍晚前后是两个明显的啄食活动的高峰期，如灰喜鹊等，而一般喜鹊啄食时间没有规律，但都在白天活动。

(3) 葡萄色泽与鸟害关系　鸟的视觉对红色敏感，因此有色品种比绿色品种易受到危害。

(4) 园址与鸟害的关系　树林、庄稼、杂草、河流和以土木建筑为主的房舍等旁边的葡萄园，鸟害较为严重，因这些地方是鸟类的栖息和繁衍地。

3. 预防方法

(1) 果穗套袋　果穗套袋是最简便的防鸟害方法，同时也防病虫、农药、尘埃等对果穗的影响。但喜鹊、乌鸦等体型较大的鸟类，常能啄破纸袋啄食葡萄，因此一定要采用质量好能防鸟的果袋。通过套袋防鸟，也有在果袋上设计一定图案来驱鸟的，日本试验表明，人类的眼睛图案驱鸟效果较好。

(2) 增设防鸟网　设施进出口及通风口、换气孔应设置适当规格的尼龙网（彩图13-8），以防止鸟类进出。由于大部分鸟类对暗色分辨不清，因此应尽量采用白色尼龙网，不宜用黑色或绿色的尼龙网，以免误伤鸟类。尼龙网价格30～40元/千克，面积

1亩地的日光温室及大棚需要2块（长70～100米、宽1.5～2.0米）尼龙网片，重量为5～8千克，造价200～300元，使用寿命可达到5年，1亩设施葡萄尼龙网每年折旧约100元。

在冰雹频发的地区，调整网格大小，将防雹网与防鸟网结合设置，实现一举双得，是一个事半功倍的好措施。

（3）药剂驱鸟　驱鸟剂，也称“一闻跑”，为一种新型植物源类生物制剂，以中草药为主要原料配合而成。无毒无害、气味独特。对鸟等多种动物有极强的驱避作用，可有效保护果品、粮食作物等不被咬伤或吃掉。

使用方法：按照说明配制，盛在容器内，敞口，按照一定距离悬挂在设施内，可缓慢持久的释放出几种特征香味气体，当家禽或鸟类嗅到有效成分气味后，驱使家禽或鸟类产生厌食反应；嗅到后，还影响家禽或鸟类的三叉神经系统，使其产生过敏反应。这两种反应都是家禽或鸟类非常难以接受的，从而使其远离觅食、嬉戏、筑巢场所，在其记忆期内不会再来，达到有效驱赶，不伤害鸟类的目的。

主要参考文献

晁无疾.2003.葡萄优新品种及栽培原色图谱［M］.北京：中国农业出版社.
郭修武.1999.葡萄栽培新技术大全［M］.沈阳：辽宁科学技术出版社.
孔庆山.2004.中国葡萄志［M］.北京：中国农业出版社.
王国平，窦连登.2002.果树病虫害诊断与防治原色图谱［M］.北京：金盾出版社.
王中跃.2009.中国葡萄病虫害与综合防治技术［M］.北京：中国农业出版社.
温秀云，陈谦.1994.葡萄病虫害原色图谱［M］.济南：山东科学技术出版社.
修德仁.2004.鲜食葡萄栽培与保鲜技术大全［M］.北京：中国农业出版社.
严大义，才淑英.1997.葡萄生产技术大全［M］.北京：中国农业出版社.
严大义，才淑英.1997.葡萄优质丰产栽培新技术［M］.北京：中国农业出版社.
严大义，赵常青，才淑英.2005.葡萄生产关键技术百问百答［M］.北京：中国农业出版社.
严大义.1997.葡萄栽培技术200问［M］.沈阳：辽宁科学技术出版社.
杨庆山.2001.葡萄生产技术图说［M］.郑州：河南科学技术出版社.
杨治元.2003.葡萄无公害栽培［M］.上海：上海科学技术出版社.
赵常青，吕义，刘景奇.2007.无公害鲜食葡萄规范化栽培［M］.北京：中国农业出版社.
赵奎华，王克，郑怀民.1993.葡萄病虫害防治图册［M］.沈阳：辽宁科学技术出版社.

赵奎华.2006. 葡萄病虫害原色图谱［M］. 北京：中国农业出版社.
赵文东，孙凌俊.2010. 葡萄高产优质栽培［M］. 沈阳：辽宁科学技术出版社.
朱林，林克强.1995. 华东园艺［M］. 北京：新华出版社.

图书在版编目（CIP）数据

现代设施葡萄栽培/赵常青，蔡之博，吕冬梅编著.—北京：中国农业出版社，2011.8（2016.9重印）
ISBN 978-7-109-15946-4

Ⅰ.①现… Ⅱ.①赵…②蔡…③吕… Ⅲ.①葡萄栽培—设施农业 Ⅳ.①S663.1

中国版本图书馆CIP数据核字（2011）第153458号

中国农业出版社出版
（北京市朝阳区农展馆北路2号）
（邮政编码 100125）
责任编辑 贺志清 舒 薇
文字编辑 吴丽婷

北京通州皇家印刷厂印刷 新华书店北京发行所发行
2011年8月第1版 2016年9月北京第2次印刷

开本：850mm×1168mm 1/32 印张：8.125 插页：10
字数：197千字 印数：8 001～10 000册
定价：28.00元